21世纪高等学校计算机规划教材
21st Century University Planned Textbooks of Computer Science

# Visual Basic程序设计上机实验教程

# Computer Experiment Course for Visual Basic Programming

朱斌 季昉 主编
张瑾 汪青 刘玉秀 陈颖 赵妍 编著

人民邮电出版社
北京

图书在版编目（CIP）数据

Visual Basic程序设计上机实验教程 / 朱斌，季昉主编；张瑾等编著. -- 北京：人民邮电出版社，2015.2
21世纪高等学校计算机规划教材. 高校系列
ISBN 978-7-115-38097-5

Ⅰ. ①V… Ⅱ. ①朱… ②季… ③张… Ⅲ. ①BASIC语言－程序设计－高等学校－教材 Ⅳ. ①TP312

中国版本图书馆CIP数据核字(2014)第307791号

## 内容提要

本书是与朱斌主编的《Visual Basic 程序设计基础》相配套的上机实验指导教材。

根据主教材讲解的程序设计知识，有针对性地安排了上机实验项目，具有很强的实用性和可操作性。每个实验项目都详细叙述了操作的步骤和所要达到的目的，力图通过这些有针对性的内容使学生掌握程序设计的基本思路和方法。

本书适合用于各类高等学校非计算机专业的 Visual Basic 程序设计的实验教学。

◆ 主　　编　朱　斌　季　昉
　编　　著　张　瑾　汪　青　刘玉秀　陈　颖　赵　妍
　责任编辑　吴宏伟
　执行编辑　王志广
　责任印制　张佳莹　焦志炜

◆ 人民邮电出版社出版发行　　北京市丰台区成寿寺路 11 号
　邮编　100164　　电子邮件　315@ptpress.com.cn
　网址　http://www.ptpress.com.cn
　北京艺辉印刷有限公司印刷

◆ 开本：787×1092　1/16
　印张：5.5　　　　2015 年 2 月第 1 版
　字数：139 千字　　2015 年 2 月北京第 1 次印刷

定价：15.00 元

读者服务热线：(010)81055256　印装质量热线：(010)81055316
反盗版热线：(010)81055315

# 前言

本书是与朱斌主编的《Visual Basic 程序设计基础》相配套的上机实验指导教材，是为了配合程序设计课程的教学，进一步提高学生的编程能力而编写的。

根据主教材讲解的 Visual Basic 程序设计知识，有针对性地安排了 15 个上机实验项目，每个实验项目由几个具体的实验内容组成。每个实验内容都详细叙述了操作的步骤和所要达到的目的，具有很强的实用性和可操作性。作者力图通过每个实验，以循序渐进的方式引导初学者跨过 VB 程序设计的门槛。通过课内思考题，使读者能够深层次地分析程序和理解程序，达到举一反三的目的；通过课外作业题扩展学习的内容，提高自己解决问题以及运用多种方法处理问题的能力，以此打开读者的编程思路，让读者掌握程序设计的基本思路和方法。

希望本书在读者学习 Visual Basic 时发挥应有的作用，产生事半功倍的效果。解决初学者上机不知道该做些什么，操作过程显得比较随意和盲目的问题。提高读者的学习兴趣，达到预期的实验教学效果。

本书由多位长期从事计算机基础教学工作的一线骨干教师共同完成。其中，实验一、二、十一由朱斌编写，实验三、八由刘玉秀编写，实验四、五由汪青编写，实验六、七、九、十由张瑾编写，实验十二、十五由季昉编写，实验十三由陈颖编写，实验十四由赵妍编写，全书由朱斌统稿。

在本书的编写过程中，还得到了许多老师的热情支持与帮助，在此表示由衷的感谢。

由于编者水平和经验有限，书中难免有不足和错误之处，敬请读者批评指正。

编　者

2014 年 10 月

# 目 录

# 实验一 VB 6.0 集成开发环境

## 实验目的

1. 熟悉 VB 6.0 的开发环境，掌握各个窗口的使用方法。
2. 熟练掌握控件在窗体中的编辑方法。
3. 掌握建立一个应用程序的基本操作步骤。
4. 理解保存 VB 程序的方法和工程资源管理器的用法。
5. 掌握运行程序和编译程序的基本方法。

## 预习内容

1. 熟悉鼠标的单击、选取对象和拖曳等操作。
2. 回顾 Office 软件的常用操作方法。
3. 掌握文件和文件夹概念和使用方法。

# 实验内容 1

建立 VB 应用程序的基本编辑操作。

【操作步骤】

**1. 启动 VB 开发环境**

如同启动 Office 软件一样，找到“Microsoft Visual Basic 6.0 中文版”命令。启动 VB 后，出现图 1-1 所示“新建工程”对话框，在“新建”选项卡中，选取“标准 EXE”图标，按“打开”按钮，创建一个新项目，即一个新的 VB 应用程序。

图 1-1 新建工程

**2. 进入 VB 6.0 中文集成开发环境**

VB 中文集成开发环境如图 1-2 所示，上面的标题栏、菜单栏和工具栏与其他软件的使用方法相同。

左侧是“工具箱”，包含常用的控件；中间是“窗体窗口”，控件就画在上面，是运行时的用户界面。右上部是“工程资源管理器”，管理应用程序用到的所有文件；右侧中间是“属性”窗口，用来设置控件所具有的各种特性；右侧下边是“窗体布局”窗口，用来设置程序运行时，窗口在屏幕中的起始位置。

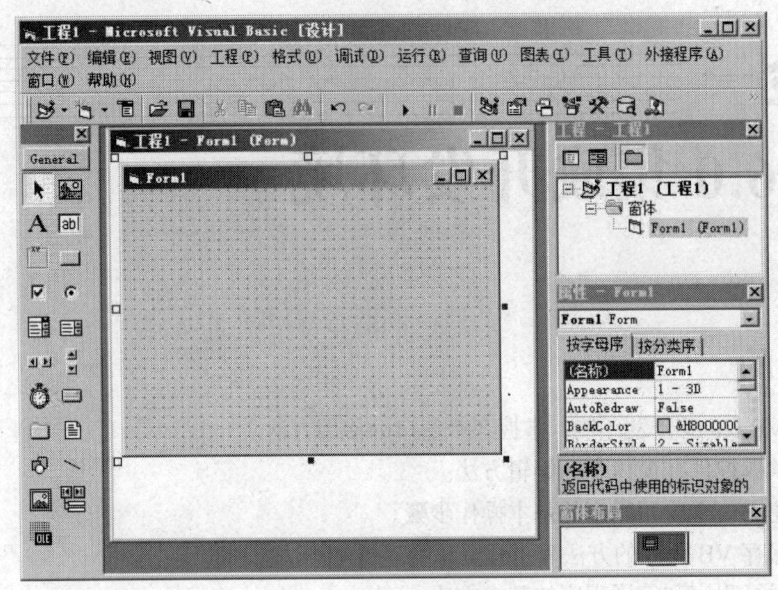


图 1-2 VB 开发环境

### 3. 建立和选取控件

（1）建立控件。在左侧工具箱的“”命令按钮上“双击”后，在窗体窗口的中央就会出现标题名称为“Command1”的控件。

（2）另一种建立控件的方法是，在工具箱的“”命令按钮上单击后，该按钮就会凹下去。再将鼠标指针移到窗体窗口内，鼠标指针会变成“十字形”，在适当的位置按住鼠标拖动，待大小合适后松开鼠标键，在窗体窗口中出现标题名称为“Command2”的控件（假设窗体窗口中已建有 Command1 控件），凹下去的命令按钮又恢复原状，鼠标指针也恢复原状“”。需要再画按钮时，再选取工具箱中的相应工具。

（3）选取某一个控件。将鼠标指针移到窗体窗口中要选取的控件上单击，控件周围就会出现“蓝色”的 8 个控制点，表示选取了该对象。

（4）选取多个控件。按住<Ctrl>键，用鼠标可以选取多个控件；或直接“框选”需要选取的控件。

（5）取消控件的选取。在窗体的空白处单击鼠标即可。

### 4. 控件的编辑

（1）移动控件。选取一个或多个控件后，将鼠标指针移动到选择过的控件内，按住鼠标左键拖动鼠标，位置合适后，松开鼠标键。或者按住<Ctrl>键，用“方向”键完成移动。

（2）调整控件的大小。选取一个控件后，拖动四周的“控制柄”改变大小。或者选取一个或多个控件后，按住<Shift>键，用方向键改变大小。

（3）删除控件。选取一个或多个控件后，按<Delete>键即可。

### 5. 控件的属性设置

假设窗体中已存在 Command1 和 Command2 两个控件。

（1）先选取要设置属性的控件 Command1。在“属性”窗口中找到要设置的属性名称，如

"Caption"，将鼠标移动到它右侧的文本框内，单击鼠标，将"Command1"改为"按钮"。窗体中的"Command1"变成了"按钮"。

（2）另一种设置属性的方法是：在属性窗口中，单击右上角向下箭头按钮，从列表框中选择条目"Command2 Command Button"。然后找到"Height"属性，修改它的值，按<Enter>键，看有什么变化。

**6. 代码窗口的使用**

假设窗体中只存在Command1和Command2两个控件。

双击窗体中的任何位置，或单击"工程资源管理器"窗口中的"▤"按钮，打开代码窗口，如图1-3所示。

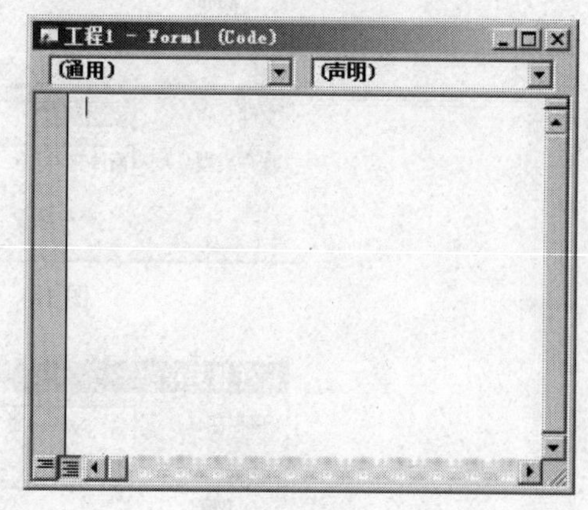


图1-3　代码窗口

先从左侧的列表框中选择窗体中存在的对象，如Command1，再从右侧选择该对象所对应的某个事件，如"Click"，则代码窗口中会自动生成如下两行代码，后面学习的语句就写在这两行之间。

```
Private Sub Command1_Click()

End Sub
```

**7. VB程序的运行**

按<F5>键或单击工具栏中的"▶"按钮，运行程序；单击工具栏中的"■"按钮，停止程序的执行。

**8. VB开发环境的退出**

同Office软件一样，按<Alt+F4>键或单击"关闭"按钮，会出现一个对话框，询问是否保存文件，按"否"，先不保存文件，退出VB开发环境。

# 实验内容 2

VB应用程序文件辨析。

**【操作步骤】**

1. 先在自己的硬盘中建立一个文件夹，作为保存文件的位置。例如，建立一个"D:\VBprogram1"文件夹。

2. 启动VB 6.0，按照自己的设计，编写程序。按<Ctrl+S>组合键保存文件时，会出现"文件另存为"对话框，如图1-4所示。"保存在"选择步骤1建立的文件夹，"文件名"取一个有意义的名字，如"FirstForm"，"保存类型"不做修改，然后单击"保存"按钮。这时保存的是窗体文件，即窗体中画的"命令按钮"等控件及编写的代码等信息。然后又出现"工程另存为"对话框，如图1-5所示。"保存在"选择步骤1建立的文件夹，"文件名"取一个有意义的名字，如"FirstProgram"，"保存类型"不做修改，然后单击"保存"按钮。这个文件记录的是整个程序由哪些文件组成及它们所在的位置信息。查看"工程资源管理器"窗口有何变化，"D:\VBprogram1"文件夹有何变化。

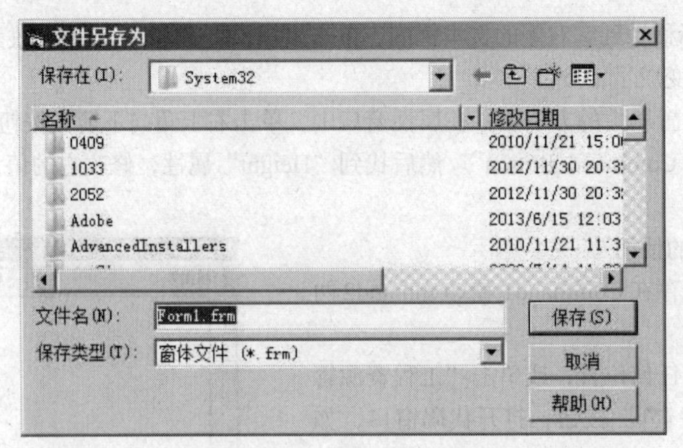


图 1-4 “文件另存为”对话框

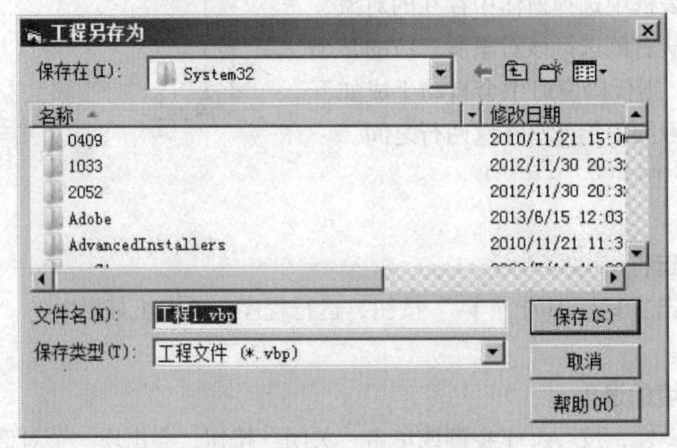


图 1-5 “工程另存为”对话框

3. 选择菜单“工程”→“添加窗体”命令，出现如图 1-6 所示的“添加窗体”对话框，在“新建”选项卡中选择“窗体”，单击“打开”按钮，在“工程资源管理器”窗口中就会增加一个“窗体”。再按<Ctrl+S>组合键，保存新增加的窗体，方法同步骤 2，文件名假设为“SecondForm”。查看“D:\VBprogram1”文件夹有何变化。

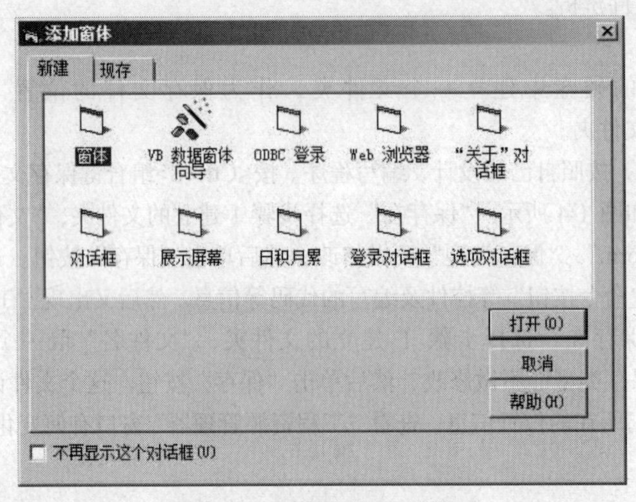


图 1-6 “添加窗体”对话框

4. 在“工程资源管理器”窗口中，选中“Form2（SecondForm.frm）”。选择菜单“工程”→“移除 SecondForm.frm(R)”命令，该窗体就“消失”了。查看“D:\VBprogram1”文件夹有何变化。

5. 再选择菜单“工程”→“添加窗体”命令，在图 1-6 中单击“现存”选项卡，找到刚刚移除的“SecondForm.frm”，单击“打开”按钮又可以将其添加到工程中。

6. 我们的第一个程序顺利完成。如果要做一个新的 VB 程序，可以先将 VB 开发环境关闭，再启动 VB 6.0；或启动一个新的 VB 6.0（不推荐）。最好的方法是：选择“文件”→“新建工程”命令，按<Ctrl+S>组合键，将新的程序保存在新建的“D:\VBprogram2”文件夹中。

7. 按照第 5 步，把“SecondForm.frm”添加到新的程序中，保存后，查看各文件夹有何变化。

# 实验内容 3

其他常用的功能。

【操作步骤】

1. 设置启动窗体。假设程序中有 Form1 和 Form2 两个窗体，按“运行”按钮时总是先出现 Form1 窗口。可以设置哪个窗体作为启动窗体。选择菜单“工程”→“工程 1 属性”命令，弹出“工程属性”对话框，如图 1-7 所示。在“通用”选项卡中，“启动对象”下拉列表框里选择窗体名称，按“确定”按钮。再按“运行”按钮即可看到效果。

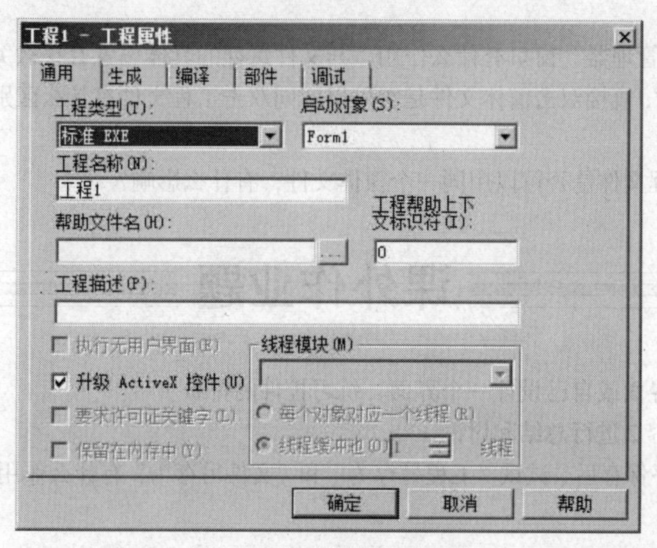


图 1-7　“工程属性”对话框

2. 生成 EXE 文件。假设工程文件名没改，选择菜单“文件”→“生成工程 1.EXE”命令，在打开的“生成工程”对话框中，做合适的选择，按“确定”按钮生成 EXE 文件。关闭 VB 环境，找到刚生成的文件，双击就可以直接运行。

3. 编辑环境设置。选择菜单“工具”→“选项”命令，会弹出“选项”对话框，进行个性化编辑环境定制。例如，在“编辑器格式”选项卡中，设置“代码窗口”中输入文字的大小、字体和颜色等特性；在“通用”选项卡中，设置“窗体窗口”中的网格线。

4. 控件的排版。选中需要操作的多个控件后，选择菜单“格式”里面的“对齐”“统一尺寸”

“水平间距”和“垂直间距”等命令，能够快速完成控件的编辑；菜单中的“锁定控件”命令防止排版完成后的误操作。

5. 窗口的关闭和打开。例如，将窗体窗口关闭，在“工程资源管理器”中，选中“窗体”，按上面的“ ”按钮或双击要打开的“窗体”，重新显示“窗体窗口”；关闭“工程资源管理器”窗口，选择菜单“视图”→“工程资源管理器”命令，重新打开。自己试试其他窗口的关闭和打开。

6. 工程的打开。像其他软件一样，找到工程文件所在的文件夹，双击打开；在 VB 开发环境中选择菜单“文件”→“打开工程”命令；在图 1-1 中，选择“现存”或“最新”选项卡。

## 课内思考题

1. 在窗体中选择某个控件，查看“属性”窗口有什么变化；在“属性”窗口的下拉列表框中选择时，“窗体窗口”有何变化？

2. 同时选择多个控件（3 个以上）时，有一个和其他的不同，起什么作用？查看“属性”窗口有什么变化？

3.“添加窗体”时除了可以使用菜单操作，还可以在工具栏选“ ”按钮或在“工程资源管理器”中单击右键完成操作，试试看！

4. 工程文件和窗体文件是否必须放到同一文件夹下？所有窗体文件是否必须放到同一文件夹下？

5. “工程资源管理器”窗口有什么作用，与文件保存的具体位置有什么关系？

6. 打开文件时，直接双击窗体文件是否可以？同双击工程文件有什么区别？工程文件起什么作用？

7. 不同的工程文件是否可以用同一个窗体文件，有什么影响？

## 课外作业题

1. 仿照某个界面或自己设计一个界面，练习控件的排版。

2. 对实验内容 2 进行总结和讨论。

3. 当应用程序保存后，试试“工程另存为”和“文件另存为”有什么作用，进行总结和讨论。

# 实验二 基本控件的使用

## 实验目的

1. 掌握控件属性的设置方法。
2. 理解事件驱动的程序设计思想。
3. 掌握方法的使用。
4. 培养设计程序的意识。

## 预习内容

1. 熟悉 VB 集成开发环境，掌握各窗口的使用方法。
2. 了解属性、事件和方法的概念。

## 实验内容 1

掌握“名称”属性的内涵。

**【操作步骤】**

1. 建立一个新的 VB 应用程序。在“窗体窗口”上画 4 个命令按钮，默认状态下，它们的“名称”和“Caption”属性是一样的，为“Command1” ~ “Command4”。

2. 将 Command1 的 Caption 属性改为“按钮 1”，观察窗体的变化，查看“属性”窗口下拉列表框有什么变化。

3. 将 Command2 的“Caption”属性也改为“按钮 1”，查看窗体和“属性窗口”有什么反应。然后，将 Command2 的“名称”属性改为“CmdSecond”，查看窗体和“属性窗口”下拉列表框有什么变化。

4. 打开“代码窗口”，查看左侧的下拉列表框都有什么内容，然后输入如下代码。

```
Private Sub Command3_Click()
    Command1.Caption = "按钮 3"
End Sub

Private Sub Command4_Click()
    Command1.Caption = "按钮 4"
End Sub
```

运行程序，分别单击 4 个按钮，查看有什么反应。

5. 结束程序的运行。将 Command3 的“Caption”属性改为“按钮 3”，将 Command4 的“名称”属性改为“按钮 4”，查看“窗体窗口”“属性窗口”和“代码窗口”都有什么变化。运行程序，分别单击 4 个按钮，查看有什么反应。

# 实验内容 2

控件的“焦点”问题。

**【操作步骤】**

1. 运行实验内容 1 的程序，查看 4 个命令按钮有什么不一样的地方，反复按<Tab>键，查看有什么反应。

2. 在属性窗口中找到这 4 个命令按钮的“TabIndex”属性，查看其中的值代表的意思。

3. 将任意一个命令按钮的“TabStop”属性值改为“False”，运行程序，按<Tab>键。

4. 在代码窗口中添加如下代码。

```
Private Sub Form_Activate()
   command3.SetFocus
End Sub
```

运行程序，查看有什么不一样的地方。

# 实验内容 3

模拟物体的运动。

**【操作步骤】**

1. 在窗体中放置 4 个命令按钮和 1 个标签，修改它们的“Caption”属性，调整位置和大小，如图 2-1 所示。

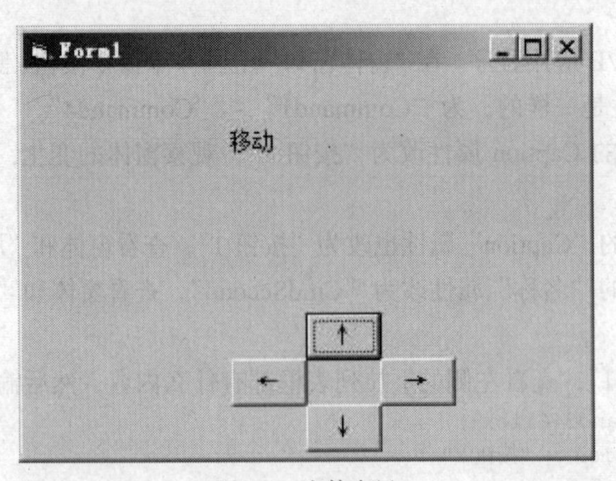


图 2-1　窗体布局

2. 将命令按钮的“名称”属性，分别改为“CmdUp”“CmdDown”“CmdLeft”和“CmdRight”；标签的“名称”属性改为“LblMove”。

3. 在代码窗口中，输入如下代码。

```
Private Sub CmdUp_Click()
    LblMove.Top = LblMove.Top - 20
End Sub
```

说明：在输入代码时，忽略大小写，系统会自动改变。

4. 运行程序，查看各按钮都有什么反应。

5. 将上面的代码改为如下内容。

```
Private Sub CmdUp_Click()
    LblMove.Move LblMove.Left, LblMove.Top - 20
End Sub
```

再次运行程序。

6. 结束程序运行。将其他按钮的代码补充完整。

# 实验内容 4

用户登录界面模拟。

**【操作步骤】**

1. 创建一个新项目。在窗体窗口中放置两个命令按钮、两个文本框和两个标签，如图 2-2 所示。

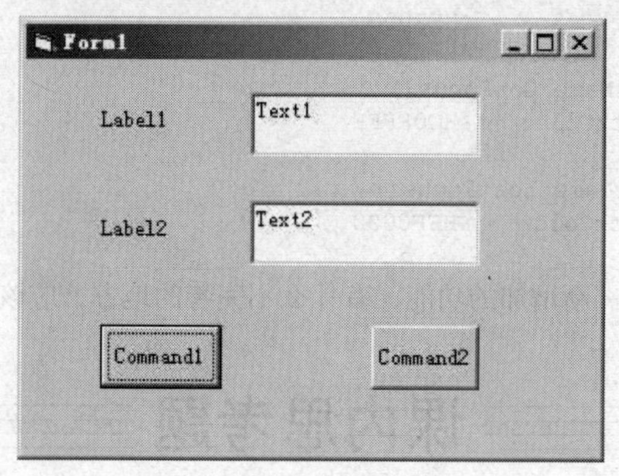


图 2-2　窗体布局

2. 设置各对象的属性值，见表 2-1。

表 2-1　属性值设置

| 对　象 | 属　性 | 设　置　值 |
|---|---|---|
| Form1 | Caption<br>名称 | 用户登录<br>FrmLogin |
| Command1 | Caption<br>名称 | 登录<br>CmdLogin |
| Command2 | Caption<br>名称 | 重置<br>CmdReset |
| Text1 | Text<br>Name | <br>TxtUserName |
| Text2 | Text<br>Name<br>PasswordChar | <br>TxtPassword<br>* |

续表

| 对　象 | 属　性 | 设　置　值 |
| --- | --- | --- |
| Label1 | Caption | 用户名 |
| Label2 | Caption | 密码 |

3．输入如下代码。

```
Private Sub CmdReset_Click()
    TxtUserName.Text = ""
    TxtPassword.Text = ""
    TxtUserName.SetFocus
End Sub
Private Sub Form_Activate()
    TxtUserName.SetFocus
End Sub
```

运行程序，分析各语句的功能。

4．拓展功能。文本框获得焦点时背景为黄色，失去焦点时背景为蓝色，在代码窗口中增加如下代码。

```
Private Sub TxtPassword_GotFocus()
    TxtPassword.BackColor = &HC0FFFF
End Sub
Private Sub TxtPassword_LostFocus()
    TxtPassword.BackColor = &HFF0000
End Sub
Private Sub TxtUserName_GotFocus()
    TxtUserName.BackColor = &HC0FFFF
End Sub
Private Sub TxtUserName_LostFocus()
    TxtUserName.BackColor = &HFF0000
End Sub
```

运行程序，查看效果。新增加的功能，有什么不完善的地方，应该怎样修改？

## 课内思考题

1．Caption 属性在程序运行期间可以修改，“名称”属性运行时能否修改？

2．将实验内容 1 第 4 步，输入的事件过程位置调换，对程序是否有影响？

3．“名称”属性起什么作用？

4．修改某个命令按钮的“TabIndex”属性值，相应的其他控件“TabIndex”属性值会起什么变化？

5．实验内容 2 第 4 步，代码写在 Load 事件里行不行？

6．将实验内容 3 第 3 步的代码改为 LblMove.Top = LblMove.Left – 20，会怎么样，为什么？

7．将实验内容 3 第 5 步的代码改为 LblMove.Move LblMove.Top - 20，会怎么样，为什么？

8．发挥想象力，继续拓展实验内容 4 的功能。例如，按“登录”按钮时，在用户名文本框旁边的用红色显示，“用户名或密码错误”；按“重置”按钮时，提示消失。

# 课外作业题

1. 将实验内容 3 的功能进一步拓展，增加 4 个斜线方向运动，再增加一个按钮，单击后使标签处于窗体中间的位置。

2. 编写一个程序，初始运行界面，如图 2-3 所示，当用户在文本框输入姓名，例如输入“海大”，单击“确定”按钮，程序的运行情况如图 2-4 所示，如果单击“退出”按钮，即结束程序运行；单击“重置”按钮，又回到图 2-3 所示画面。

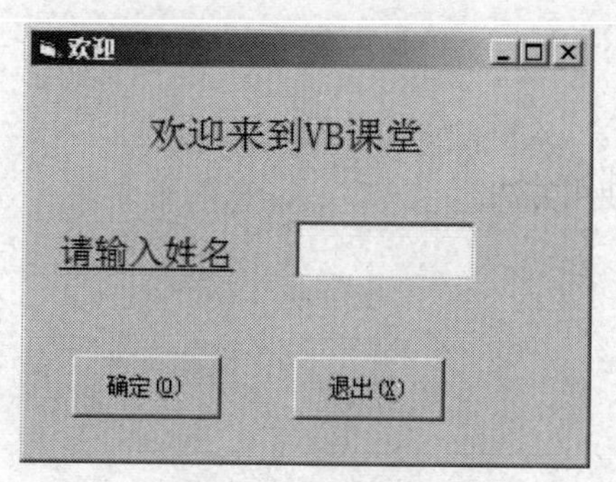


图 2-3　程序运行初始界面

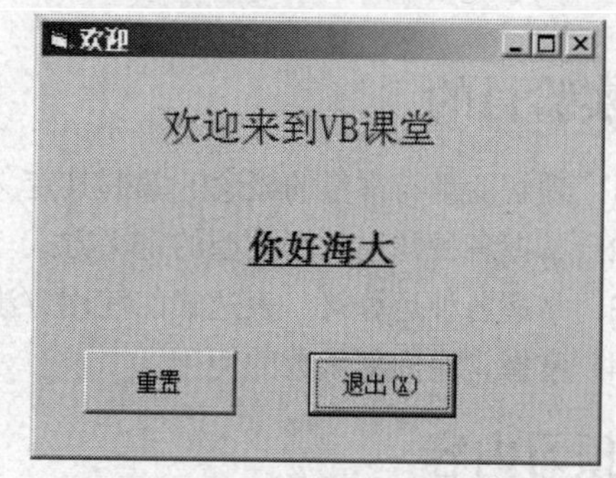


图 2-4　单击“确定”按钮程序界面

3. 设计一个程序，开始运行时，窗体背景颜色为红色，1 秒钟后背景变为黄色，3 秒钟后又变为红色，如此反复。

4. 利用标签框、文本框、命令按钮、窗体和计时器控件，自己设计一个程序。

# 实验三
# 基本语言要素的使用方法

## 实验目的

1. 理解变量与常量的概念、掌握其定义方式和使用方法。
2. 掌握各种常用数据类型的定义方式。
3. 掌握各种运算符、表达式的使用方法。
4. 掌握常用内部函数的使用。

## 预习内容

1. Print 方法的应用。
2. 熟悉各种常用数据类型的定义关键字，格式符。
3. 熟悉各种运算符的书写规则、运算法则及运算优先级。
4. 常用内部函数的用法和返回值。
5. 表达式的使用方法。

## 实验内容 1

Print 方法的功能：

（1）Print 后面接“,”号、“;”号和“不接任何符号”的使用。

（2）Print 方法打印时起始位置的设定。

**【操作步骤】**

1. 建立一个新的 VB 应用程序。在属性窗口中设置“font”属性，字体设为“黑体”，字号为“四号”。

2. 双击 Form1 窗体调出“代码窗口”。在代码窗口中，单击左侧对象（Object）框的向下三角按钮，从列表框中选择项目“Form”；单击右侧过程框的向下三角按钮，从列表框中选择事件“Activate”。

3. 在 Activate 事件过程内输入如下代码。

```
Private Sub Form_Activate()
    Print "同学们，"
    Print "你们好！"
End Sub
```

4. 运行程序，观察运行结果。Print 语句后面，若不接任何符号，则为回车换行。

5. 将程序改为如下内容。

```
Private Sub Form_Activate()
    Print "同学们，" ;                '语句后加分号“;”
    Print "你们好！"
End Sub
```

6. 运行程序，观察运行结果。Print 语句后面，若加分号“;”，则下一行挨着上一行打印输出。

7. 将程序改为如下内容。

```
Private Sub Form_Activate()
    Print "同学们，" ,                '语句后加逗号“,”
    Print "你们好！"
End Sub
```

8. 运行程序，观察运行结果。Print 语句后面，若加逗号“,”，则下一行接着上一行打印输出。但中间要空一段距离。

9. 将程序改为如下内容。

```
Private Sub Form_Activate()
    CurrentX=1000           '设 Print 方法打印输出时，X 轴的起始位置，1000 为像素值
    CurrentY=1000           '设 Print 方法打印输出时，Y 轴的起始位置
    Print "同学们，" ,
    Print "你们好！"
End Sub
```

10. 运行程序，观察运行结果。Print 方法打印输出时，起始位置是否发生了变化。

# 实验内容 2

变量、运算符和表达式的使用方法。

**【操作步骤】**

1. 建立一个新的 VB 应用程序。在属性窗口中设置“font”属性，字体设为“黑体”，字号为“四号”。

2. 双击 Form1 窗体调出“代码窗口”。在代码窗口中，编写如下代码。

```
Private Sub Form_Activate()
    Dim x As Integer, y%, z%
    Dim s1 As String, s2$
    Dim a As Boolean
    x = 4: y = 7: z = 12
    s1 = "welcome"
    s2 = "you!"
    a = True
    Print x + "10", "1" + "5", "20" & "3"
    Print x Mod z + x ^ 2 \ y + z
    Print (y Mod 10) * 10 + z / 10
    Print x ^ 2 - y * 2 > 3 * z And z <> x ^ 2
    Print Not a And s1 <> s2 Or x < 6
    Print s1 & Space(1) & s2
End Sub
```

3. 运行程序，观察运行结果是否与自己分析所得表达式的值一致。

# 实验内容 3

数学函数的使用方法。

**【操作步骤】**

1. 建立一个新的 VB 应用程序。在属性窗口中设置“font”属性，字体设为“黑体”，字号为“四号”。

2. 双击 Form1 窗体调出“代码窗口”。在代码窗口中，编写如下代码。

```
Private Sub Form_Activate()
    Print Abs(-4), Sqr(25)              '绝对值函数，开平方函数
    Print Sgn(3), Sgn(-3), Sgn(0)       '符号函数
    Print Int(-3.4), Fix(-3.4)          '取整函数
    Print Int(3.4), Fix(3.4)
    Print Int(Rnd * 10)                 '产生（0~10）的随机数
End Sub
```

3. 运行程序，观察运行结果是否与自己分析所得的值一致。注意 Int 函数和 Fix 函数的区别。

# 实验内容 4

转换函数的使用方法。

**【操作步骤】**

1. 建立一个新的 VB 应用程序。在属性窗口中设置“font”属性，字体设为“黑体”，字号为“四号”。

2. 双击 Form1 窗体调出“代码窗口”。在代码窗口中，编写如下代码。

```
Private Sub Form_Activate()
    Print Asc("A"), Chr(65)             '字符与 ASCII 码的转换函数
    Print LCase("Ab"), UCase("Ab")      '字母大小写转换函数
    Print Str(123) + "abc"              '数值转字符函数
    Print Val("123.5") - 100            '字符转数值函数
End Sub
```

3. 运行程序，观察运行结果是否与自己分析所得的值一致。

# 实验内容 5

字符串函数的使用方法。

**【操作步骤】**

1. 建立一个新的 VB 应用程序。在属性窗口中设置“font”属性，字体设为“黑体”，字号为“四号”。

2. 双击 Form1 窗体调出“代码窗口”。在代码窗口中，编写如下代码。

```
Private Sub Form_Activate()
    Print Left("abcd", 2), Right("abcd", 2)                   '取左右子串函数
    Print Mid("abcd", 2, 2)                                   '取任意子串函数
    Print Len("abcd")                                         '取字符串长度函数
    Print Trim(" abcd ")                                      '删除空格函数
    Print InStr("abc", "bc"), InStr(2, "aba", "a")            '查找子串函数
    Print String(4, "abcd")                                   '重复函数
    Print Replace("abcdefcd", "cd", "34")                     '替换子串函数
    Print "AAA" + Space(4) + "BBB"                            '空格函数
End Sub
```

3. 运行程序，观察运行结果是否与自己分析所得的值一致。

# 实验内容 6

日期函数与格式函数的使用方法。

**【操作步骤】**

1. 建立一个新的 VB 应用程序。在属性窗口中设置“font”属性，字体设为“黑体”，字号为“四号”。

2. 双击 Form1 窗体调出“代码窗口”。在代码窗口中，编写如下代码。

```
Private Sub Form_Activate()
    Print Date                          '返回系统日期函数
    Print Day(Date)                     '返回日期函数
    Print Month(Date)                   '返回月份函数
    Print Year("2014-5-4")              '返回年份函数
    Print Now                           '返回系统日期和时间函数
    Print Time                          '返回系统时间函数
    Print Format(3.576, "##.##")        '格式函数
End Sub
```

3. 运行程序，观察运行结果是否与自己分析所得的值一致。

# 实验内容 7

控件与函数的综合应用。

**【操作步骤】**

1. 建立一个新的 VB 应用程序。在窗体上放置 4 个命令按钮，2 个标签，2 个文本框。所有控件的属性默认。设计界面如图 3-1 所示。

Form1
Command1 Label1
Command2 Label2
Command3 Text1
Command4 Text2

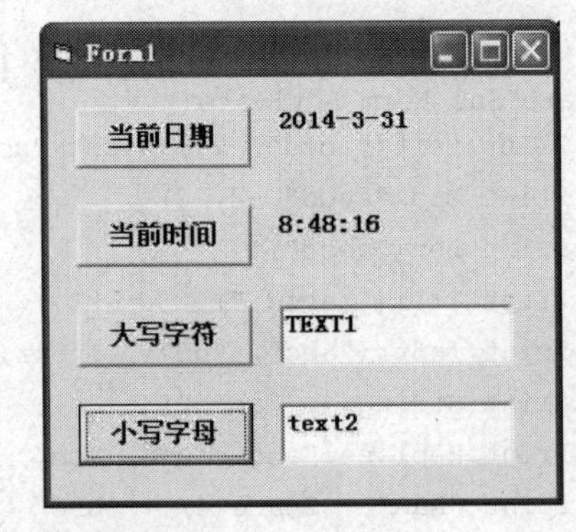


图 3-1 设计界面与运行界面

2. 双击 Form1 窗体调出“代码窗口”。在代码窗口中，编写如下代码。

```
Private Sub Form_Load()
    Command1.Caption = "当前日期"
    Command2.Caption = "当前时间"
    Command3.Caption = "大写字符"
    Command4.Caption = "小写字母"
End Sub
Private Sub Command1_Click()
    Label1.Caption = Date
End Sub
Private Sub Command2_Click()
    Label2 = Time
End Sub
Private Sub Command3_Click()
    Text1.Text = UCase(Text1.Text)
End Sub
Private Sub Command4_Click()
    Text2 = LCase(Text2)
End Sub
```

3. 运行程序，单击 4 个命令按钮，观察运行结果是否与图 3-1 一致。

## 课内思考题

1. Print 方法中“,”和“;”的作用是什么？它们对其后面的 Print 语句有何影响？
2. 算术运算符“\”和“/”有何区别？
3. 字符运算符“+”和“&”有何区别？
4. 算术运算符“Mod”作用是什么？

## 课外作业题

1. 利用常量、运算符和内部函数，写出满足下列要求的 VB 表达式。

（1）如何利用 mod 运算符和关系运算符表示 x 是 5 的倍数。

（2）变量 x 和 y 中有一个小于 z。

（3）表示 5≤x＜10 的 VB 表达式。

（4）产生一个[50，100]之间的随机整数。

（5）用何函数可对−2.6 取整得到−3。

（6）对字符串“abcdefg”取子串“cde”。

（7）求字符串“abcdefg”的长度并与数字 10 相加的和。

（8）将字符串“abcdabefg”中的子串“ab”用“15”替换。

（9）将数值“125”转化为字符串与字符串“个人”相连接。

（10）将算术表达式 $x=\dfrac{-b\pm\sqrt{b^2-4ac}}{2a}$ 改写为 VB 表达式。

2. 设计一个随机放大字体的程序。

要求：

（1）在窗体上放 1 个标签 Label1，1 个命令按钮 Command1，当窗体启动时，使标签居于窗体的中间，并显示系统的当前时间，命令按钮显示为“放大”。

（2）当单击命令按钮时，将标签中文字显示放大 1~3 倍，并重新显示系统当前时间，同时 Label1 也相应地放大。如图 3-2 和图 3-3 所示。

图 3-2　初始界面

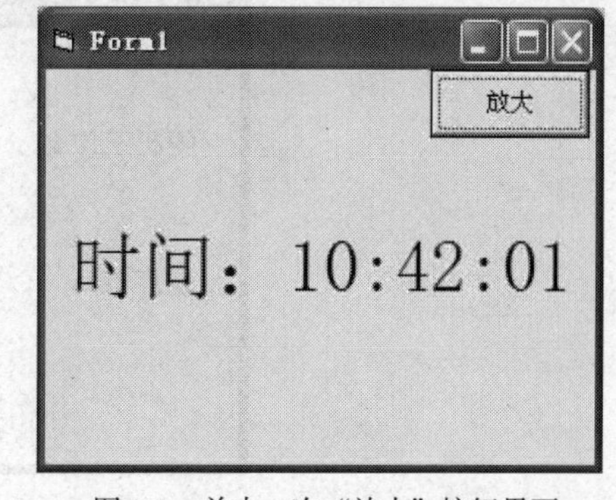


图 3-3　单击一次“放大”按钮界面

（1）随机改变字体的大小可用 Rnd 函数。

（2）标签跟着改变可使用 AutoSize 属性。

（3）标签居中可通过改变 Left 和 Top 属性得到。

3. 设计一个“查找\替换”程序。程序界面如图 3-4 和图 3-5 所示。

要求：

（1）窗体的标题为“查找\替换”，固定边框。

（2）窗体的上半部是一个文本框 Text1，可以多行显示文字。

（3）文本框 Text1 的下面有一个标签 Label1，标题为“查找”，标签 Label1 的右边是一个文本框 Text2，可以在 Text2 中输入查找内容。

（4）标签 Label1 的下面有一个标签 Label2，标题为“替换为:”，标签 Label2 的右边是一个文本框 Text3，可以在 Text3 中输入替换为的内容。

（5）单击“替换”按钮（Command1），对文本框 Text1 中与查找内容匹配的文字进行替换操作。

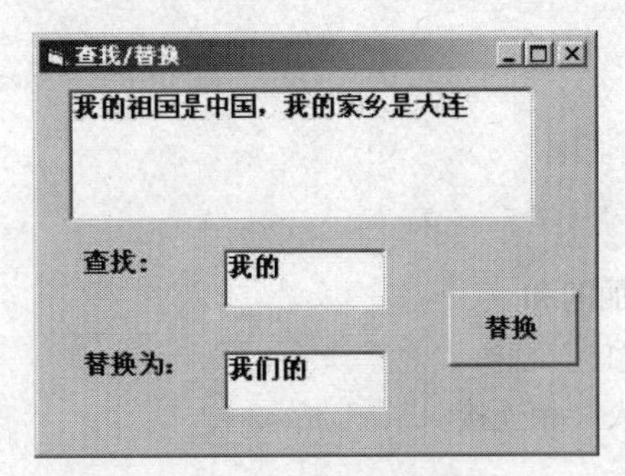


图 3-4　程序初始界面

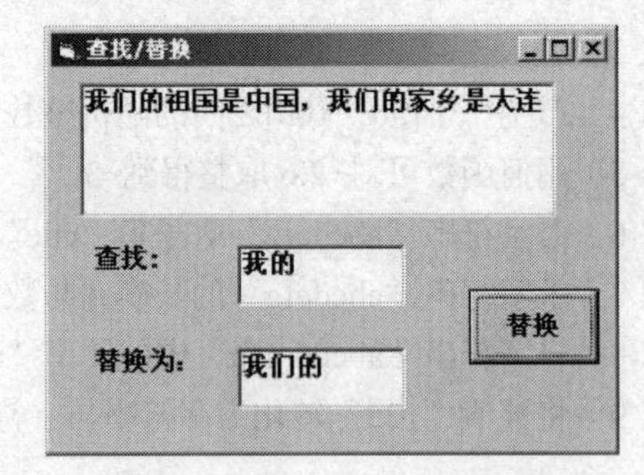


图 3-5　单击“替换”按钮界面

提示

（1）“查找”可以利用 Instr 函数，“替换”可利用 Len、Left 和 Right 函数。

（2）也可利用 Replace 函数。

4. 随机产生一个 3 位正整数，然后逆序输出，产生的随机数与逆序数同时显示。如图 3-6 所示。

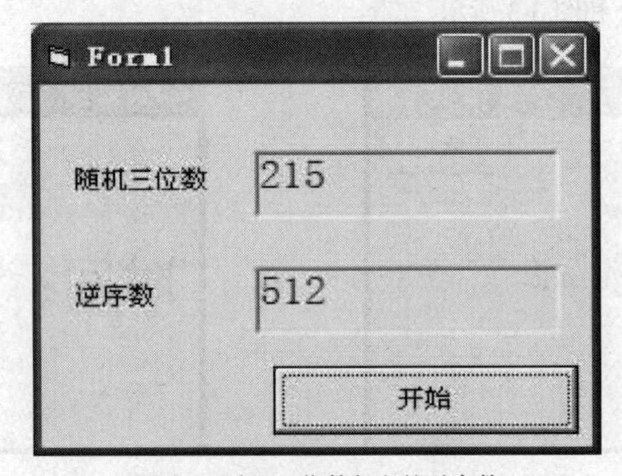


图 3-6　随机三位数与它的逆序数

提示

（1）利用 Rnd 函数产生 101～999 的数。

（2）用“\”和“Mod”将一个 3 位数分离成 3 个 1 位数，然后连接成一个逆序的 3 位数。

# 实验四
# 选择语句的应用

## 实验目的

1. 掌握 If 语句的功能与用法。
2. 掌握 Select Case 语句的功能与用法。
3. 学会使用 IIf 函数和 Choose 函数进行简单的条件判断。
4. 掌握选择结构程序的编写方法。

## 预习内容

1. 关系运算符、逻辑运算符及其表达式的功能、规定与用法。
2. If 语句、Select Case 语句的功能与用法。
3. 条件语句嵌套的格式与原则。
4. IIf 函数和 Choose 函数的功能与格式。

## 实验内容 1

求 3 个整数中的最大值。

**【操作步骤】**

1. 新建一个 VB 应用程序。在窗体的 Click 事件中，输入如下代码。

```
Private Sub Form_Click()
    Dim a As Integer, b As Integer, c As Integer
    Dim max As Integer
    a = Val(InputBox("请输入第一个整数:"))
    b = Val(InputBox("请输入第二个整数:"))
    c = Val(InputBox("请输入第三个整数:"))
    Print "您输入的三个数是:"; a, b, c
    If a > b Then max = a Else max = b
    If max < c Then max = c
    Print "最大数是:"; max
End Sub
```

2. 多次运行程序，分别输入大小顺序不同的多组数据，观察运行结果，验证程序功能。
3. 思考：设置 max 变量的作用是什么？

4. 修改程序，将单行结构的If语句改为块结构的If语句，并调试运行通过。

5. 再次修改程序，用IIf函数代替If语句，并调试运行通过。代码如下。

```
max = IIf(a > b, a, b)
max = IIf(max > c, max, c)
```

6. 按照上述算法，如果要从4个整数中求最大数，请添加相应的程序代码，并调试运行通过。

7. 仿照上述算法，修改程序，从4个整数中求最小数，并调试运行通过。

# 实验内容 2

用If语句实现数据排序。

**【操作步骤】**

1. 新建一个VB应用程序。在窗体的Click事件中，输入如下代码。

```
Private Sub Form_Click()
    Dim a As Integer, b As Integer
    Dim temp As Integer
    a = Val(InputBox("请输入第一个整数："))
    b = Val(InputBox("请输入第二个整数："))
    Print "您输入的两个数是："; a, b
    If a > b Then temp = a: a = b: b = temp
    Print "由小到大的顺序是："; a, b
End Sub
```

2. 运行两次程序，分别输入a大b小、a小b大的两组数据，观察运行结果，验证程序功能。

3. 思考：语句序列“temp = a: a = b: b = temp”的作用是什么？

4. 将语句“If a > b Then temp = a: a = b: b = temp”改为块结构的If语句，并运行通过。

5. 修改上述程序，再增加一个变量c，对a、b、c 3个变量按由小到大顺序排序（添加代码注意使用“复制”功能快速完成），代码如下。

```
Private Sub Form_Click()
    Dim a As Integer, b As Integer
    Dim c As Integer
    Dim temp As Integer
    a = Val(InputBox("请输入第一个整数："))
    b = Val(InputBox("请输入第二个整数："))
    c = Val(InputBox("请输入第三个整数："))
    Print "您输入的三个数是："; a, b, c
    If a > b Then temp = a: a = b: b = temp          'a、b中最小的放a
    If a > c Then temp = a: a = c: c = temp          '3个数中最小的放a
    If b > c Then temp = b: b = c: c = temp          'b、c比较，小的放b
    Print "由小到大的顺序是："; a, b, c
End Sub
```

上述代码采用选择法进行排序，其一般方法如下。

假设需要对5个数进行由小到大排序，则需要排4次。

（1）第1次，用第1个数依次和其后的数比较，始终使第1个数最小，需用4个If语句。

（2）第2次，用第2个数依次和其后的数比较，始终使第2个数最小，需用3个If语句。

（3）第3次，用第3个数依次和其后的数比较，始终使第3个数最小，需用2个If语句。

（4）第 4 次，用第 4 个数依次和其后的数比较，始终使第 4 个数最小，需用 1 个 If 语句。排好前 4 个数，第 5 个数自然最大。

6. 修改上述代码，将程序功能变成对 4 个数由小到大排序。

7. 再次修改代码，将程序功能变成对 4 个数由大到小（降序）排序。

# 实验内容 3

判断输入的年份是否闰年。满足下列条件之一者是闰年。

（1）能被 4 整除但不能被 100 整除。

（2）能被 400 整除。

要求：

1. 程序界面自行设计。

2. 使用多种形式的条件语句完成闰年年份的判断。

（1）单行结构 If 语句。

（2）块结构 If 语句。

（3）If 语句嵌套形式。

3. 使用下面多个年份数据测试程序。其中，

① 闰年年份：1964、1980、2000、2004、2010、2016。

② 非闰年年份：1966、1900、2014、2015。

**【提示与帮助】**

（1）以双分支块结构 If 语句完成的闰年判断参考代码段如下。

```
If (year Mod 400 = 0) Or (year Mod 4 = 0 And year Mod 100 <> 0) Then
    str = CStr(year) + "年是闰年"
Else
    str = CStr(year) + "年不是闰年"
End If
```

（2）以 If 语句嵌套形式完成的闰年判断参考代码段如下。

```
year = Val(InputBox("请输入要判断的年份"))
If year Mod 400 <> 0 Then
    If year Mod 4 = 0 And year Mod 100 <> 0 Then
        str = CStr(year) + "年是闰年"
    Else
        str = CStr(year) + "年不是闰年"
    End If
Else
    str = CStr(year) + "年是闰年"
End If
```

# 实验内容 4

计算运费。收费标准是：货物重量小于 35kg，按 5 元/kg 收费；货物重量大于或等于 35kg，

小于 70kg，按 3 元/kg 收费；货物重量大于或等于 70kg，按 2 元/kg 收费。

要求：

1. 程序界面自行设计。
2. 分别使用多分支 If 语句和 Select Case 语句编程实现。

# 实验内容 5

用户登录程序。登录界面如图 4-1 所示，要求用户名和密码的输入最多有 3 次机会。当用户名输入正确、密码输入错误时，显示如图 4-2 所示的“密码错误!”信息框，单击“确定”按钮后，重新输入密码；当用户名输入有误、密码输入正确时，显示如图 4-3 所示的“用户名不存在!”信息框，单击“确定”按钮后，重新输入用户名；当用户名和密码均输入正确时，显示如图 4-4 所示的“登录成功!”信息框；如果输入次数超过 3 次，则显示如图 4-5 所示的“您的 3 次机会已经用完!”，单击“确定”按钮后，终止程序运行。

**【提示与帮助】**

（1）程序中可事先设置好用户名和密码，如“芝麻开门”和“abc123”。

（2）设置一个变量记录输入次数，输入次数超过 3 次则终止程序运行。

（3）各种情况的判断可以使用 If 嵌套结构实现。例如，用户名正确的参考代码片段如下。

```
If TxtName.text= "芝麻开门" Then
        If TxtPsw.text = "abc123" Then
            MsgBox "登录成功! ", , "登录信息"
        Else
            MsgBox "密码错误! ", , "登录信息"
            TxtPsw = ""
            TxtPsw.SetFocus
            n = n + 1
        End If
Else
    …
```

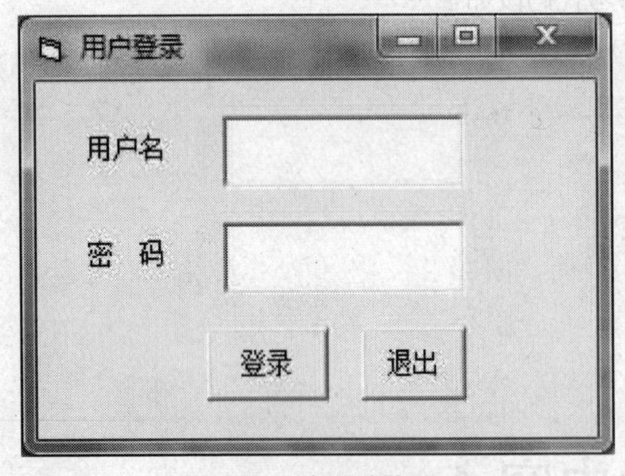


图 4-1 用户登录界面

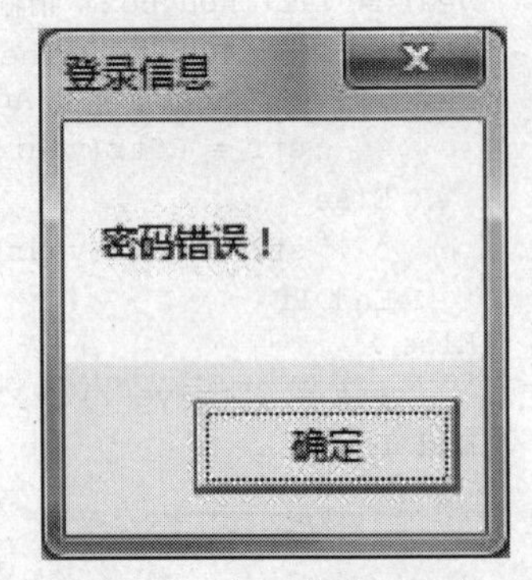


图 4-2 密码错误消息框

图 4-3　用户名不存在消息框

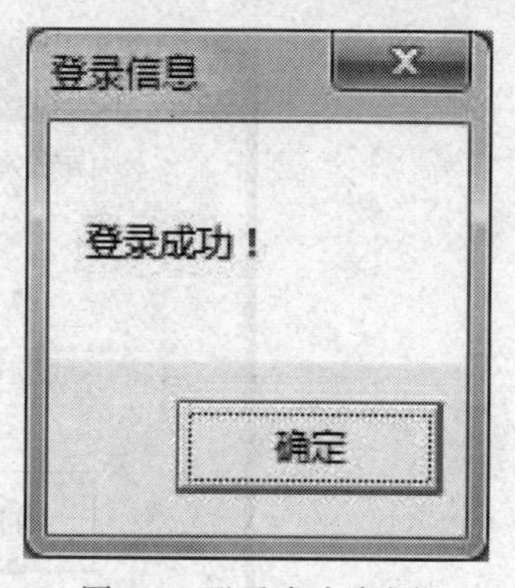

图 4-4　登录成功消息框

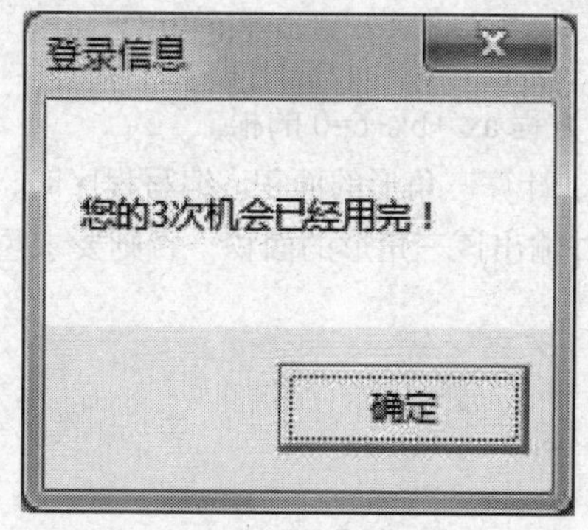

图 4-5　输入错误 3 次提示消息框

## 课内思考题

1. 单行结构 If 语句与块结构 If 语句结构上有什么不同？
2. 多分支结构程序有哪些实现形式？
3. 使用 If 语句实现的分支程序段都可以换用 Select Case 语句实现吗？
4. 实验内容 2 中的分支结构能否使用 Choose 函数实现？具体实现形式如何？

## 课外作业题

1. 编写学生成绩评价程序，运行界面如图 4-6 所示。用户在文本框中输入成绩后，单击“确定”按钮，则在下方的标签中根据成绩的高低，显示不同的评语。

（1）成绩大于等于 90，显示“成绩很好，请继续保持！”。

（2）成绩小于 90，大于等于 76，显示“成绩还好，请再加把劲！”。

（3）成绩小于 76，大于等于 60，显示“成绩一般，请努力加油！”。

（4）成绩小于 60，显示“成绩太差，请加油赶上！”。

（5）成绩大于 100 或小于 0 时，显示“输入错误”信息框。

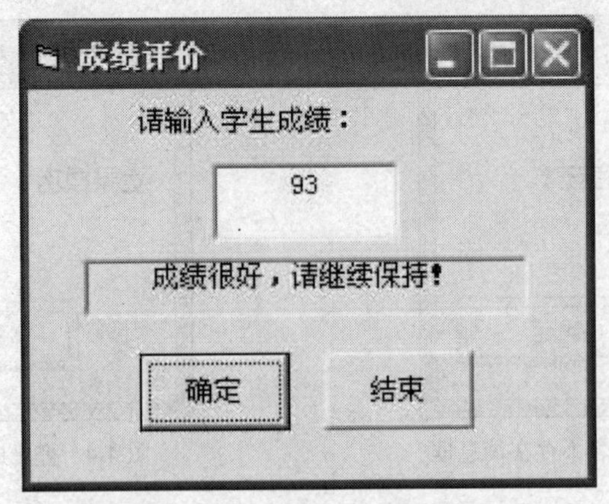


图 4-6　学生成绩评价程序界面

2. 编写程序，求一元二次方程 $ax^2+bx+c=0$ 的根。

3. 给定三角形的 3 条边长，计算三角形的面积。编写程序时，首先判断给出的三条边能否构成三角形，如果可以，则计算并输出该三角形的面积，否则要求重新输入。

# 实验五
# VB 常用工具（一）

## 实验目的

1. 掌握 VB 控件单选钮、复选框及框架的功能与用法。
2. 掌握 VB 控件滚动条的功能与用法。
3. 学会使用单选钮、复选框、滚动条及框架编写应用程序的方法。

## 预习内容

1. 单选钮、复选框、滚动条、框架的属性、事件与方法。
2. If 语句、Select Case 语句的格式与功能。
3. 条件语句嵌套的格式与原则。
4. IIf 函数的格式与功能。

## 实验内容 1

利用单选钮设置标签中文本的对齐方式。

【操作步骤】

1. 创建一个新工程。
2. 在窗体中放置 3 个单选钮、2 个命令按钮和 1 个标签，如图 5-1 所示。
3. 设置各控件属性值，见表 5-1。界面如图 5-2 所示。

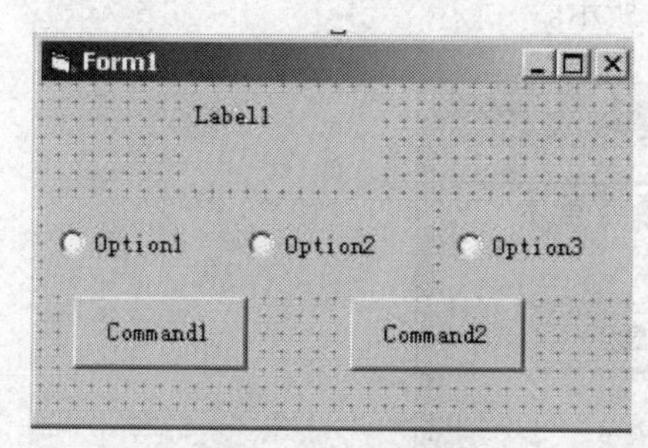


图 5-1　控件布置图

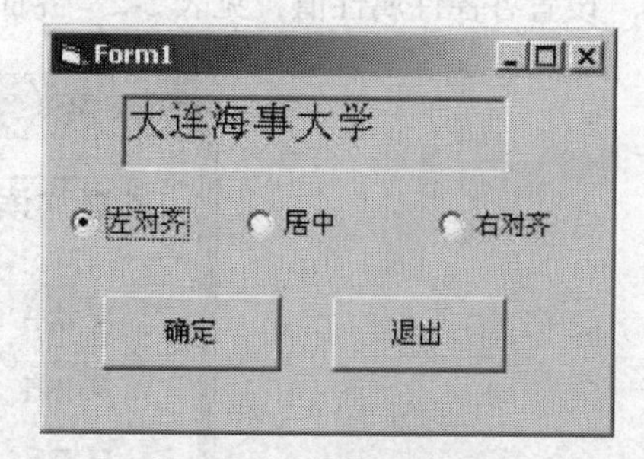


图 5-2　属性设置后界面

表 5-1　属性设置值

| 对　象 | 属　性 | 设　置　值 |
|---|---|---|
| Command1 | Caption | 确定 |
| Command2 | Caption | 退出 |
| Option1 | Caption | 左对齐 |
| Option2 | Caption | 居中 |
| Option3 | Caption | 右对齐 |
| Label1 | Caption<br>Font/size<br>BorderStyle | 大连海事大学<br>14<br>1-Fixex Single |

4. 调出代码窗口，在命令按钮 Command1 的单击事件中，输入如下代码。

```
Private Sub Command1_Click()
    If Option1.Value = True Then
        Label1.Alignment = 0
    End If
    If Option2.Value = True Then
        Label1.Alignment = 2
    End If
    If Option3.Value = True Then
        Label1.Alignment = 1
    End If
End Sub
Private Sub Command2_Click()
    End
End Sub
```

5. 调试并运行程序。选择某单选按钮后，按“确定”按钮，观察效果。
6. 按“退出”按钮，结束运行。

# 实验内容 2

利用复选框进行兴趣爱好调查。

**【操作步骤】**

1. 创建一个新工程。
2. 在窗体中放置 3 个复选框、2 个命令按钮和 1 个文本框。
3. 设置各控件属性值，见表 5-2。界面如图 5-3 所示。

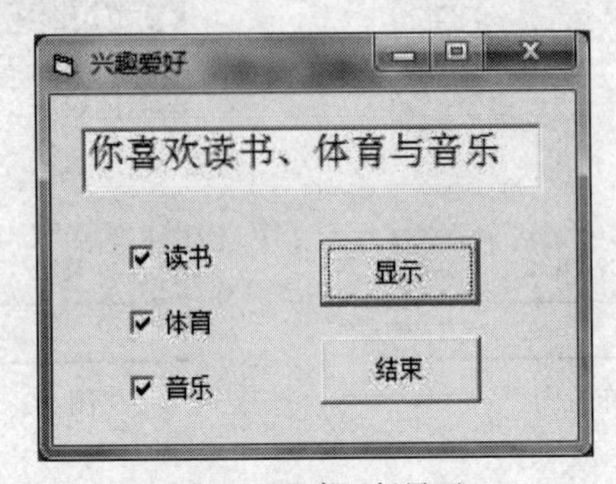


图 5-3　程序运行界面

表 5-2 属性设置值

| 对 象 | 属 性 | 设 置 值 |
|---|---|---|
| Command1 | Caption | 显示 |
| Command2 | Caption | 结束 |
| Check1 | Caption | 读书 |
| Check 2 | Caption | 体育 |
| Check 3 | Caption | 音乐 |

4. 调出代码窗口，在命令按钮 Command1 的单击事件中，输入如下代码：

```
Private Sub Command1_Click()
Text1.Text = ""
If Check1.Value = 1 Then
    Text1.Text = Text1.Text + Check1.Caption
End If
If Check2.Value = 1 Then
    If Text1.Text <> "" Then Text1.Text = Text1.Text + "、"
    Text1.Text = Text1.Text + Check2.Caption
End If
If Check3.Value = 1 Then
    If Text1.Text <> "" Then Text1.Text = Text1.Text + "与"
    Text1.Text = Text1.Text + Check3.Caption
End If
If Text1.Text <> "" Then
    Text1.Text = "你喜欢" + Text1.Text
Else
        Text1.Text = "没有兴趣爱好"
End If
End Sub
Private Sub Command2_Click()
End
End Sub
```

5. 调试并运行程序。选择相应的复选框后，按“显示”按钮，观察效果。
6. 按“结束”按钮，结束运行。

# 实验内容 3

滚动条设置与使用。

【操作步骤】

1. 创建一个新工程。

2. 在窗体中放置 1 个水平滚动条、1 个文本框和 2 个标签。

3. 设置滚动条的属性值：LargeChange=10，SmallChange=5。界面如图 5-4 所示。

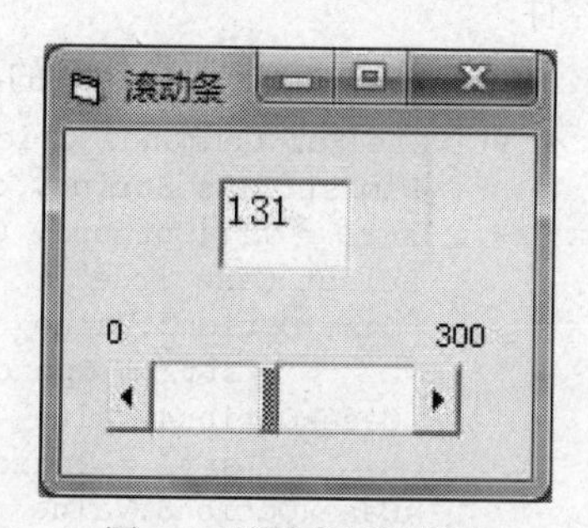

图 5-4 滚动条示例界面

4. 调出代码窗口，输入如下代码。

```
Private Sub Form_Load()
    HScroll1.Max = 300
    HScroll1.Min = 0
    Text1.Text = ""
End Sub
```

```
Private Sub HScroll1_Change()
    Text1.Text = HScroll1.Value
End Sub
Private Sub Text1_Change()
    If Val(Text1.Text) > 300 Then
        MsgBox "超范围!", , "警告"
        Text1.Text = ""
    Else
        HScroll1.Value = Val(Text1.Text)
    End If
End Sub
```

5. 调试并运行程序。

（1）分别单击滚动条的箭头和滑槽位置，观察文本框中值的改变。

（2）拖动滑块，观察文本框中值的改变。

（3）在文本框中输入[0~300]范围的数值，观察滚动条滑块的变化。

（4）在文本框中输入[0~300]范围以外的数值，观察效果。

6. 结束程序运行。

# 实验内容 4

编程显示某人基本信息。运行初始界面如图 5-5 所示，输入选择后如图 5-6 所示，然后单击“确定”按钮，弹出信息框显示所选基本信息，如图 5-7 所示。

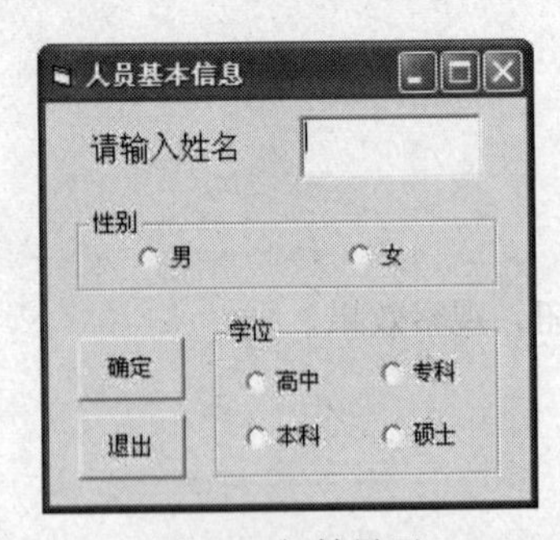


图 5-5 初始界面

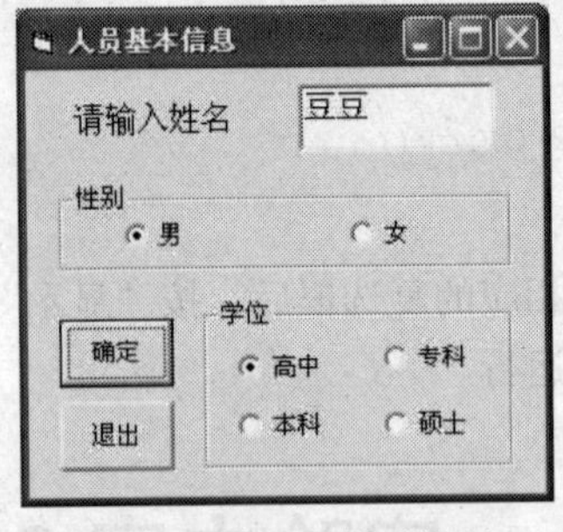


图 5-6 输入选择后界面

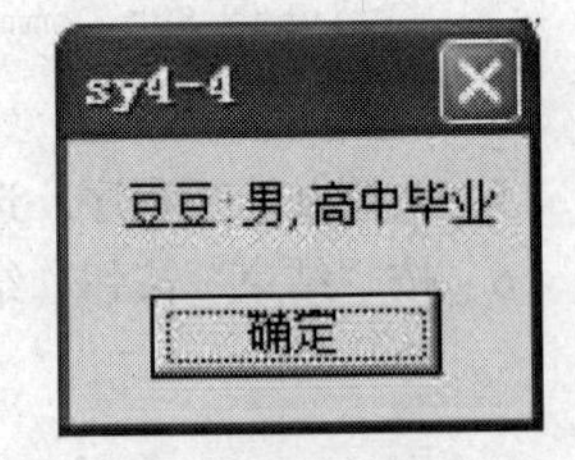


图 5-7 结果界面

【提示与帮助】

（1）“性别”与“学位”信息用框架组织起来。注意，应先建立框架，然后再在其中建立各种控件。

（2）单击“确定”按钮后的事件代码，如下。

```
Private Sub Command1_Click()
    Dim str1 As String, str2 As String, str As String
    str1 = IIf(Option1, Option1.Caption, Option2.Caption)
    Select Case True
     Case Option3.Value
            str2 = Option3.Caption
     Case Option4.Value
            str2 = Option4.Caption
     Case Option5.Value
            str2 = Option5.Caption
     Case Option6.Value
```

```
    str2 = Option6.Caption
   End Select
   str = Text1 + ":" + str1 + "," + str2 + "毕业"
   MsgBox str
End Sub
```

# 实验内容 5

设计一个包含两道题的单选题测验程序，如图 5-8 所示。单击“判分”按钮，在题目下方的标签中显示结果。如果两题均答对，得 100 分；如果答对一题，得 50 分；如果两题均错，得 0 分。

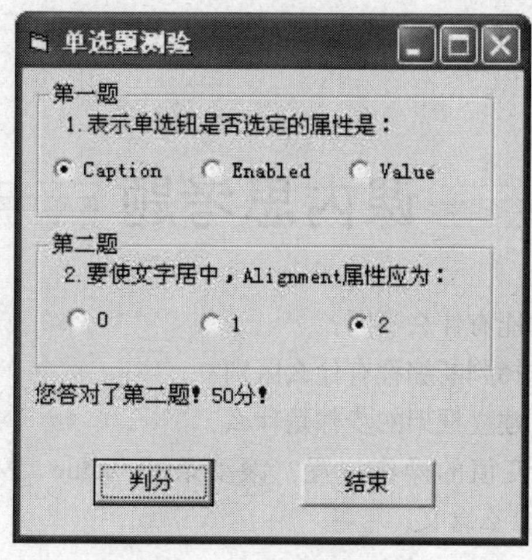


图 5-8　单选题测验界面

**【提示与帮助】**

（1）界面设计如图 5-9 所示。

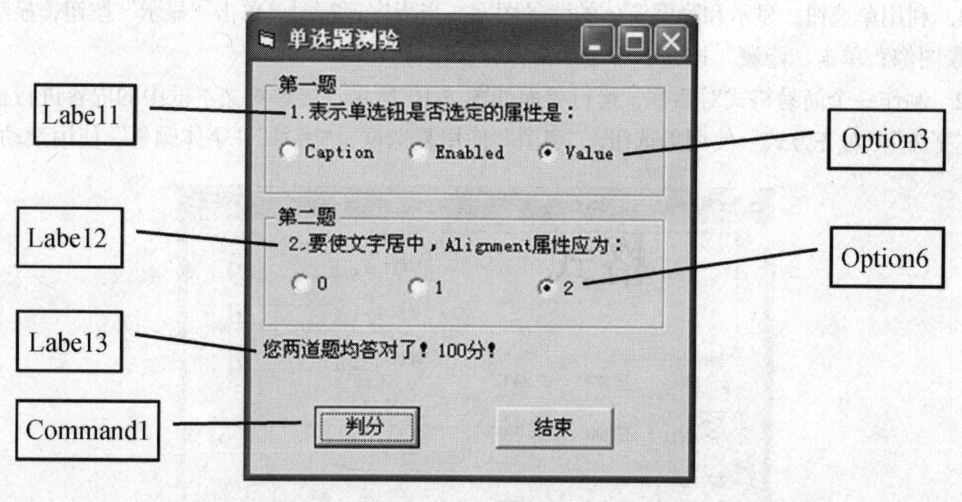


图 5-9　界面设计

（2）参考代码。

```
Private Sub Command1_Click()
    Dim score As Integer
    If Option3 = True Then score = score + 50: s1 = "第一题！"
    If Option6 = True Then score = score + 50: s1 = "第二题！"
    If score = 100 Then
        Label3.Caption = "您两道题均答对了！" & score & "分！"
    ElseIf score = 50 Then
        Label3.Caption = "您答对了" + s1 & score & "分！"
    Else
        Label3.Caption = "您两题均答错了，0分！加油啊！！"
    End If
End Sub
Private Sub Command2_Click()
    End
End Sub
```

## 课内思考题

1. 单选钮和复选框的功能有什么不同？

2. 单选钮与复选框的选择判断编程有什么区别？

3. 框架的功能是什么？建立框架的步骤是什么？

4. 滚动条上有几个改变值的操作位置？滚动条的 Value、Max、Min、LargeChange 和 SmallChange5 属性值各表示什么含义？

## 课外作业题

1. 利用单选钮，显示和隐藏窗体的背景图案。当程序运行时，单击“显示”按钮，显示窗体的背景图像；单击“隐藏”按钮，不显示窗体背景图像。

2. 制作一个简易格式对话框，运行界面如图 5-10 所示，能够对文本框中的内容进行格式设定。“字体”“对齐方式”使用单选钮，“字型”使用复选框，“字号”“字体颜色”使用滚动条。

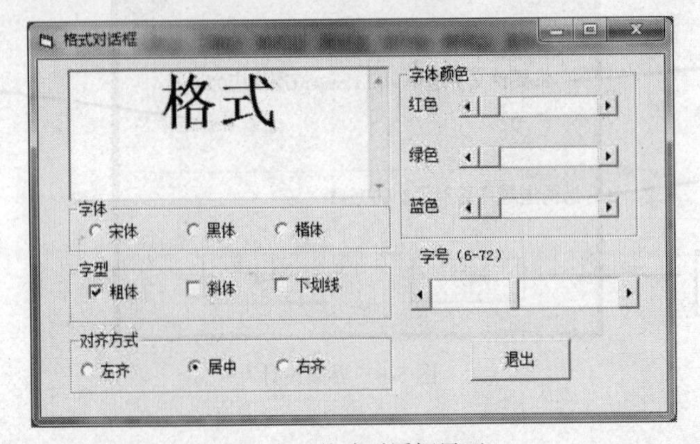


图 5-10 格式对话框界面

# 实验六 单层循环语句的应用

## 实验目的

1. 掌握 For-Next 语句的功能与用法。
2. 掌握 While-Wend、Do-Loop 语句的功能与用法。
3. 掌握循环结构程序的编写方法。

## 预习内容

1. 预习 For-Next 语句的语法结构。
2. 预习 While-Wend、Do-Loop 语句的语法结构。

## 实验内容 1

计算 s=1!+2!+3!+4!+5!。

**【分析】**

本题的关键是找规律写通项。本题规律为：阶乘的累加和，因此应当先求出阶乘，即：t=t*i，然后是阶乘的和，即：s=s+t。

本题既可用 For-Next 语句完成，又可用 Do-Loop 语句实现，运行界面如图 6-1 所示。

**【程序】**

```
For-Next 循环结构
Private Sub Command1_Click()
Dim t As Long, s As Long, i As Integer
t = 1
For i = 1 To 5
  t = t * I
  s = s + t
Next
Print "(for)s=";s
End Sub
```

```
Do-Loop 循环结构
Private Sub Command2_Click()
Dim t As Long, s As Long, i As Integer
    t = 1
    i = 1
Do While i <= 5
    t = t * i
    s = s + t
    i = i + 1
Loop
Print "(Do)s="; s
End Sub
```

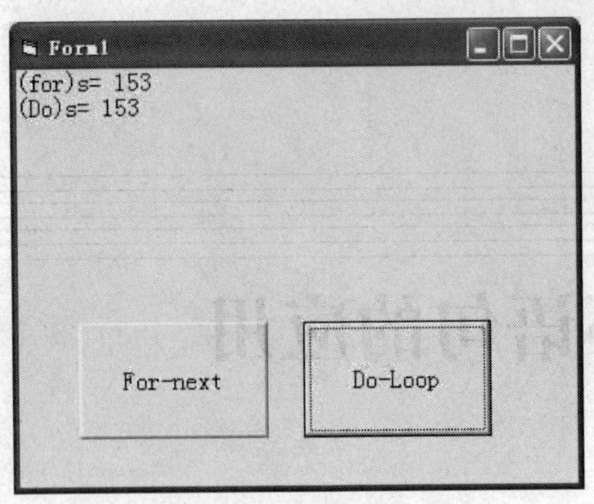


图 6-1　实验 1 的运行界面

# 实验内容 2

判断一个数是否为素数。

**【分析】**

（1）素数的定义：只能整除 1 和自然数 *N* 本身的数就是素数。即从 2 开始一直到 *N*-1，都除不尽的数就是素数。

（2）循环次数为 2 到 *N*-1，如果找到一个因数，可以退出循环。

（3）若没有任何因数，则是正常退出循环，循环变量将变为 *N*。

**【程序】**

```
    Dim n As Long, i As Integer
    n = Val(Text1.Text)
    If n <= 2 Then
        MsgBox  "请输入大于 2 的正整数"
        Exit Sub
    End If
    For i = 2 To n - 1
        If n Mod i = 0 Then
            Exit For
        End If
    Next
    If i = n Then
        Label2.Caption = "素数"
    Else
        Label2.Caption = "非素数"
    End If
End Sub
```

运行界面如图 6-2 所示。

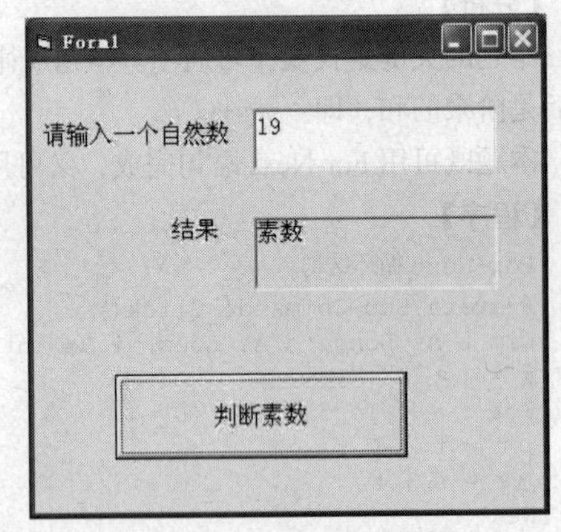


图 6-2　实验 2 的运行界面

## 课内思考题

1. 实验内容 1 中在循环语句之前为什么设置 t=1?
2. 实验内容 1 中在 Do While- Loop 语句中为什么要有 i=i+1 这条语句?
3. 实验内容 1 中语句序列"t = t * i：s = s + t"能颠倒位置吗?
4. 实验内容 2 循环次数是如何确定的?
5. 实验内容 2 为什么 i = n 能够确定素数?
6. 实验内容 2 用 Do-Loop 如何实现?

## 课外作业题

1. 分别统计 1~100 中，满足 3 的倍数、7 的倍数的整数各有多少?
2. 计算 $s=1+\frac{1}{2}+\frac{1}{4}+\frac{1}{7}+\frac{1}{11}+\frac{1}{16}+\frac{1}{22}+\frac{1}{29}+\cdots$，当第 $i$ 项的值 $<10^{-4}$ 时结束。
3. 将输入的字符串反序显示。如输入"123456"，显示"654321"。
4. 利用随机函数产生 50~100 范围内 20 个随机数，显示最大值、最小值和平均值。
5. 分别统计输入的字符串中数字、英文字符及其他字符的个数。

# 实验七 嵌套循环语句的应用

## 实验目的

1. 掌握多重循环的特征及规律。
2. 掌握循环结构程序的编写方法。

## 预习内容

1. 预习 For-Next 语句的语法结构。
2. 预习 While-Wend、Do-Loop 语句的语法结构。

## 实验内容 1

打印如图 7-1 所示图形。

【分析】

（1）打印图形一般可由双层循环实现，外循环用来控制打印的行数，内循环控制打印的个数。

（2）由于本题目是个正三角形，要求每行的打印开始位置呈递减趋势，所以在内循环之前利用 Print 语句的 Tab 函数设置位置。

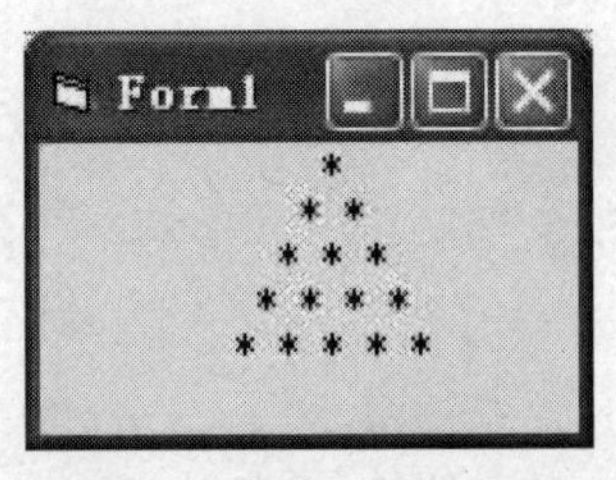

图 7-1 实验 1 运行界面

【程序】

```
Private Sub Form_Click()
Dim i%, j%
For i = 1 To 5                         '外循环控制打印行数
 Print Tab(15 - i);                    '每行起始打印位置
 For j = 1 To I                        '内循环控制打印个数
    Print "* ";                        '打印内容
 Next
 Print                                 '换行打印
Next
End Sub
```

# 实验内容 2

打印九九乘法表，如图 7-2 所示。

**【分析】**

（1）九九乘法表是一个 9 行 9 列的二维表，行和列都要变化且行和列相互约束（第 *i* 行需要有 *i* 列）。

（2）外循环设置为 9 行，内循环为每行打印的内容。

**【程序】**

```
Private Sub Form_Click()
Dim i%, j%
For i = 1 To 9                              '乘法表 9 行
  For j = 1 To i
     Print i; "*"; j; "="; i * j;           '每行的内容
  Next
 Print                                      '换行打印
Next
End Sub
```

```
Form1
1 * 1 = 1
2 * 1 = 2  2 * 2 = 4
3 * 1 = 3  3 * 2 = 6  3 * 3 = 9
4 * 1 = 4  4 * 2 = 8  4 * 3 = 12  4 * 4 = 16
5 * 1 = 5  5 * 2 = 10  5 * 3 = 15  5 * 4 = 20  5 * 5 = 25
6 * 1 = 6  6 * 2 = 12  6 * 3 = 18  6 * 4 = 24  6 * 5 = 30  6 * 6 = 36
7 * 1 = 7  7 * 2 = 14  7 * 3 = 21  7 * 4 = 28  7 * 5 = 35  7 * 6 = 42  7 * 7 = 49
8 * 1 = 8  8 * 2 = 16  8 * 3 = 24  8 * 4 = 32  8 * 5 = 40  8 * 6 = 48  8 * 7 = 56  8 * 8 = 64
9 * 1 = 9  9 * 2 = 18  9 * 3 = 27  9 * 4 = 36  9 * 5 = 45  9 * 6 = 54  9 * 7 = 63  9 * 8 = 72  9 * 9 = 81
```

图 7-2　实验 2 运行界面

# 实验内容 3

输出 100~300 内所有素数，以每行 5 个进行显示。

**【分析】**

（1）外层循环用来遍历 100~300 的所有整数，由于偶数肯定不是素数，所以只需要奇数即可。内部循环需要判断每个数是否为素数，如果是则输出。

（2）由于题目要求一行只显示 5 个，所以可以累计素数个数，若是 5 的倍数，下一个将在新的一行显示。

**【程序】**

```
Private Sub Form_Click()
Dim n%, i%, d%
For n = 101 To 300 Step 2
     For i = 2 To n - 1                          '判断素数
          If n Mod i = 0 Then Exit For
     Next
     If i = n Then
```

```
        d = d + 1                                    '统计素数个数
        If d Mod 5 = 0 Then
            Print n                                  '如果是 5 的倍数，则下一个素数将在新的一行显示
        Else
            Print n;                                 '如果是 5 的倍数，则下一个素数将在同一行显示
        End If
      End If
    Next
    End Sub
```

运行结果如图 7-3 所示。

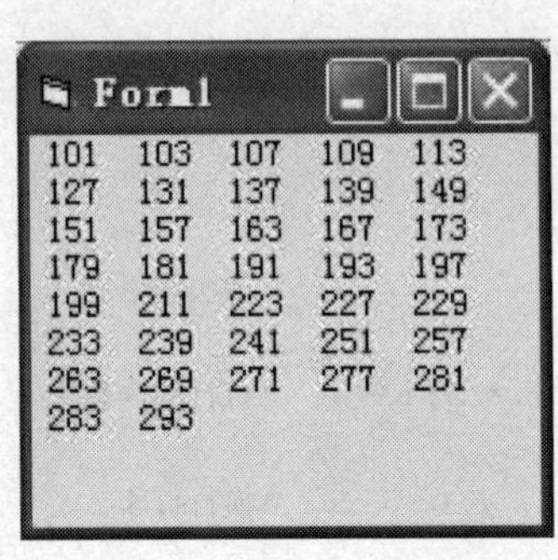


图 7-3　实验 3 运行界面

## 课内思考题

1. 实验内容 1 中为什么程序采用了“Print "* "”，而不是“Print "*"”，试试有什么不同？
2. 实验内容 1 中为什么程序在内外循环中间要加一个 Print 语句？

## 课外作业题

1. 打印如下图形。

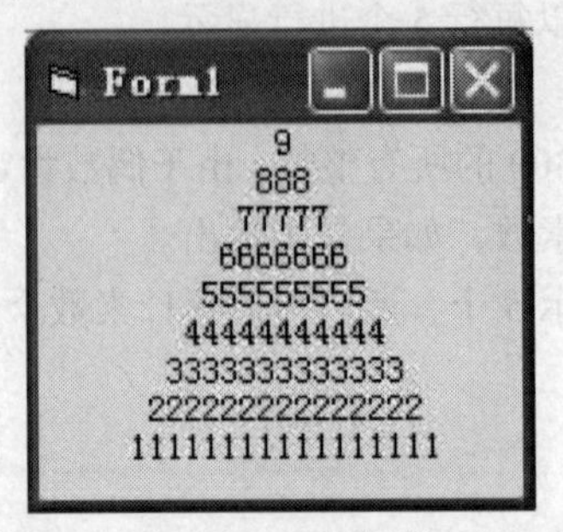


2. 编一段程序验证歌德巴赫猜想：一个大于 6 的偶数可以表示为两个素数之和。例如，6=3+3，8=3+5，10=3+7。

# 实验八 VB 常用工具（二）

## 实验目的

1. 掌握列表框和组合框控件共有属性的应用。
2. 掌握列表框和组合框控件各自独立属性的应用。
3. 掌握列表框和组合框控件所拥有方法的使用。
4. 了解列表框和组合框控件的常用事件。

## 预习内容

1. 熟悉列表框和组合框控件的属性及其所代表的意义。
2. 熟悉列表框和组合框控件的常用事件和方法的使用。

## 实验内容 1

列表框的 Style、Text、ListIndex 和 ListCount 属性的应用。在设计阶段，利用 List 属性添加项目的方法。

**【操作步骤】**

1. 建立一个新的 VB 应用程序。在“窗体窗口”上画 2 个列表框，取默认的名字分别为“list1”和“list2”。

2. 将列表框 list1 的 Style 属性设为 0-standard，将列表框 list2 的 Style 属性设为 1-checkbox，观察“两个列表框”显示上的变化。

3. 在列表框 List1 的 List 属性中添加项目“甲、乙、丙、丁”，在列表框 List2 的 List 属性中添加项目“子、丑、寅、卯”。添加项目的方法是：在属性窗口选择 List 属性；在出现的下拉列表中输入第一项，按<Ctrl+Enter>组合键；输入第二项……最后用<Enter>键结束。

4. 运行程序，分别选择两个列表框中的项目，观察有何变化；选择列表框 List2 中项目前的复选框，观察是否可以多选。

5. 在窗体上再放置 3 个命令按钮和 3 个标签，Command1 的 Caption 属性设为“显示选中的项目”，Command2 的 Caption 属性设为“显示选中项目的序号”，Command3 的 Caption 属性设为“显示项目的个数”。标签属性默认。

6. 调出代码窗口，在代码窗口添加以下代码。

```
Private Sub Command1_Click()
    Label1.Caption = List1.Text              '被选中项目的内容
End Sub
Private Sub Command2_Click()
    Label2.Caption = List1.ListIndex         '被选中项目的序号
End Sub
Private Sub Command3_Click()
    Label3.Caption = List1.ListCount         '所有项目的个数
End Sub
```

7. 运行程序，分别单击 3 个命令按钮，观察显示的内容是否为预期的。

# 实验内容 2

组合框的 Style 属性、List 属性（在程序运行时添加项目的方法）和 AddItem 方法、RemoveItem 方法的应用。

1. 建立一个新的 VB 应用程序。在“窗体窗口”上画 3 个组合框，取默认的名字分别为“combo1”“combo2”“combo3”。

2. 将组合框 combo1 的 Style 属性设为 0，将组合框 combo2 的 Style 属性设为 1，将组合框 combo3 的 Style 属性设为 2，观察 3 个组合框显示上的变化。

3. 调出代码窗口，在代码窗口添加以下代码。

```
Private Sub Form_Load()
    For i = 0 To 4
        Combo1.List(i) = InputBox(" 请为第一个组合框输入 5 个项目：")
    Next i
    For i = 0 To 4
        Combo2.AddItem InputBox(" 请为第二个组合框输入 5 个项目：")
    Next i
    For i = 0 To 4
        Combo3.AddItem InputBox(" 请为第三个组合框输入 5 个项目："), i
    Next i
End Sub
```

4. 运行程序，在 3 个组合框中分别选择项目，观察是否够可选择项目；在 3 个组合框中分别输入项目，观察哪些可输入，哪些不可输入。

5. 在窗体上再放置 2 个命令按钮，Command1 的 Caption 属性设为“删除所选项目”，Command2 的 Caption 属性设为 “删除给定序号的项目”。

6. 调出代码窗口，在代码窗口添加以下代码。

```
Private Sub Command1_Click()
    Combo1. RemoveItem List1.ListIndex        '删除被选中的项目
End Sub
Private Sub Command2_Click()
    Combo1. RemoveItem Val(InputBox("请输入所删除项目的序号：")) - 1
    '删除所给序号的项目
End Sub
```

7. 运行程序，分别单击 2 个命令按钮观察是否能删除所选中的项目。

# 实验内容 3

列表框（或组合框）的综合应用。在列表框中选择一项或多项内容，移到另一个列表框中。

1. 建立一个新的 VB 应用程序。
2. 在“窗体窗口”上画 2 个列表框、2 个标签、2 个命令按钮，窗体界面如图 8-1 所示。
3. 设置各控件的属性值，见表 8-1。

表 8-1 属性值设置

| 控 件 | 属 性 | 设 置 值 |
| --- | --- | --- |
| List1 | Multiselect | 0- simple |
| List2 | Multiselect | 0- simple |
| Command1 | Caption | 移到右边 |
| Command1 | Caption | 移到左边 |
| Label1 | Caption | 城市 |
| Label2 | Caption | 喜欢的城市 |

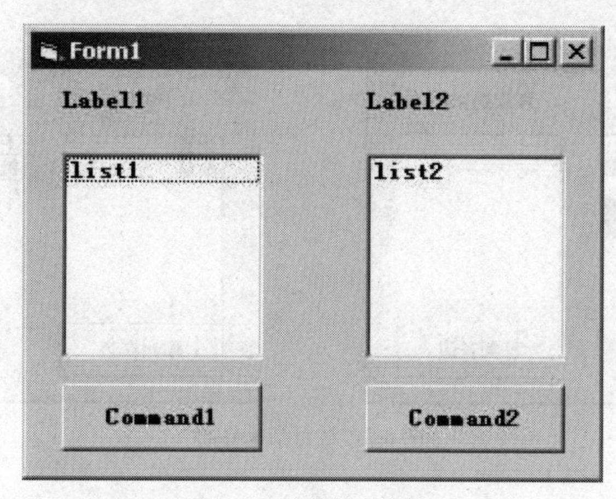


图 8-1 窗体界面布局

4. 调出代码窗口，在代码窗口添加以下代码。

```
Private Sub Command1_Click()
    Dim i As Integer
    For i = 0 To List1.ListCount - 1          '0~ List1.ListCount - 1 为各选项的序号
        If List1.Selected(i) = True Then      '被选中项目的 List1.Selected(i)为 True
            List2.AddItem List1.List(i)       'List1 中被选中的项目移到 List2 中
            List1.RemoveItem I                '删除 List1 中被移到 List2 中的项目
            i = i - 1                         '删除一项之后，i 减 1
        End If
        If i >= List1.ListCount - 1 Then      'List1.ListCount - 1 是 List1 的最后一项序号
            Exit For
        End If
    Next i
End Sub
Private Sub Command2_Click()
```

```
    Dim i As Integer
    For i = 0 To List2.ListCount - 1
        If List2.Selected(i) = True Then
            List1.AddItem List2.List(i)
            List2.RemoveItem i
            i = i - 1
        End If
        If i >= List2.ListCount - 1 Then
            Exit For
        End If
    Next i
End Sub
Private Sub Form_Load()
    List1.AddItem "北京"
    List1.AddItem "上海"
    List1.AddItem "南京"
    List1.AddItem "杭州"
    List1.AddItem "广州"
End Sub
```

5. 运行程序，在城市列表框 List1 中分别选择“上海”“杭州”“广州”3 个城市，然后单击“移到右边”命令按钮，观察运行结果是否与图 8-2 一致。也可选择 List2 中的城市移到左边 List1 中。

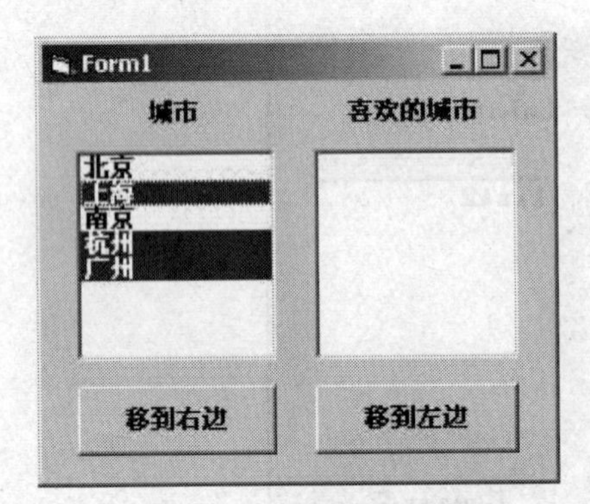


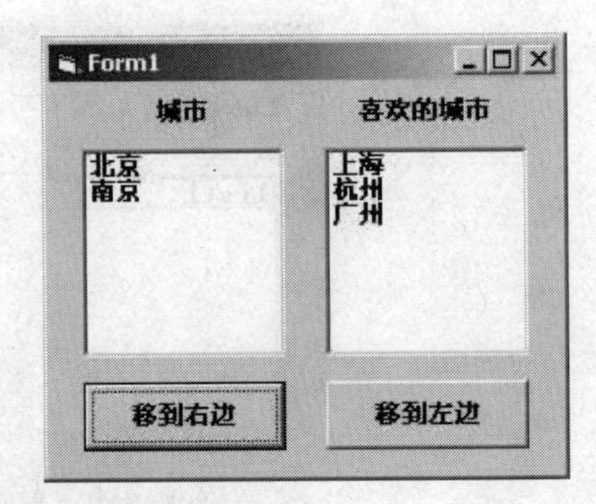


图 8-2 运行结果界面

# 课内思考题

1. 语句“List1.AddItem "南京"”与“List1.AddItem "南京", 2”的区别是什么？

2. 在“实验内容 2”中，将运行时为组合框添加项目的程序做如下修改，即将 3 个“For i=0 to 4”语句改为 For i=1 to 5，是否可以，说明理由。

3. 在“实验内容 2”中，将语句“Combo1. RemoveItem Val(InputBox("请输入所删除项目的序号：")) – 1”的“– 1”去掉是否可以，说明理由。

4. 列表框和组合框控件中项目的序号由几开始？List1.ListCount – 1 表示的是什么？

# 课外作业题

1. 利用组合框设置文本框中文字的字体。要求既可以在组合框选择字体，也可以在组合框中添加新的字体项目。

（1）添加 1 个组合框、1 个文本框和 1 个命令按钮。

（2）组合框中可在设计时添加项目，也可在运行时通过 Form_load 事件添加。参照“实验内容 1”和“实验内容 2”。

（3）向文本框中输入一组任意的文字。

（4）在命令按钮的单击事件过程中编写改变文本框字体的程序。可用文本框的 FontName 属性和组合框的 Text 属性。

2. 进一步完善“实验内容 3”。当运行程序时可以向列表框 list1 中添加城市，也可以删除 list1 中选中的项目。

（1）添加 2 个命令按钮，一个用于添加，一个用于删除。

（2）添加项目可结合 AddItem 方法与输入框函数 Inputbox()，也可用 1 个文本框代替 inputbox()进行输入。

（3）删除项目可将 Command1_Click()事件过程中的程序改写，删除一条语句即可。

# 实验九
# 一维数组应用

## 实验目的

1. 掌握数组的声明与使用方法。
2. 掌握与数组有关的语句应用。
3. 掌握与数组有关的常用算法。

## 预习内容

预习一维数组的声明与使用方法。

## 实验内容 1

输出斐波那契数列的前 40 项以及它们的和。

**【分析】**

斐波那契数列的第一项为 0，第二项为 1，以后的各项总是前两项的和。

**【程序】**

```
Option Base 1                                         '数组下标为 1
Private Sub Form_Click()
Dim a(40) As Long, s As Long, d As Integer
a(1) = 0: a(2) = 1
 s = 1
 Print a(1), a(2),
 d = 2
 For i = 3 To 40
a(i) = a(i - 1) + a(i - 2)
  s = s + a(i)                                        '求和
  d = d + 1                                           '累计次数，一行显示 5 个
  If d Mod 5 = 0 Then
     Print a(i)
  Else
    Print a(i),
  End If
 Next
 Print
 Print "前 40 项的和是："; s
End Sub
```

运行结果如图 9-1 所示。

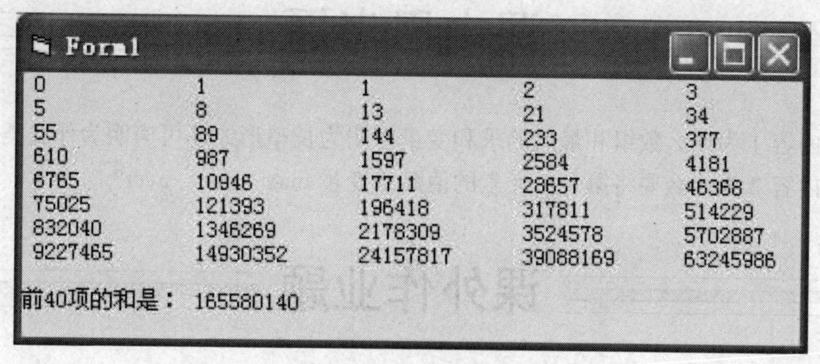


图 9-1 实验 1 运行界面

# 实验内容 2

随机产生 30~100（包括 30、100）中 10 个正整数，求最大值、最小值和平均值。

【分析】

求最大值、最小值的方法在循环一章已解决，但不能保存所有的数据。数组可保存所有的数据，而且利用数组的下标和循环相结合，编程更方便。

【程序】

```
Private Sub Form_Click()
Dim a(1 To 10) As Integer, i%, max%, min%, aver!
  For i = 1 To 10
    a(i) = Int(Rnd * 71 + 30)
   Print a(i);
  Next
max = a(1)
min = a(1)
aver = a(1)
For i = 2 To 10
  If a(i) > max Then max = a(i)
  If a(i) < min Then min = a(i)
  aver = aver + a(10)
Next
Print
Print "最大值="; max; "最小值="; min; "平均值="; aver / 10
End Sub、
```

运行结果如图 9-2 所示。

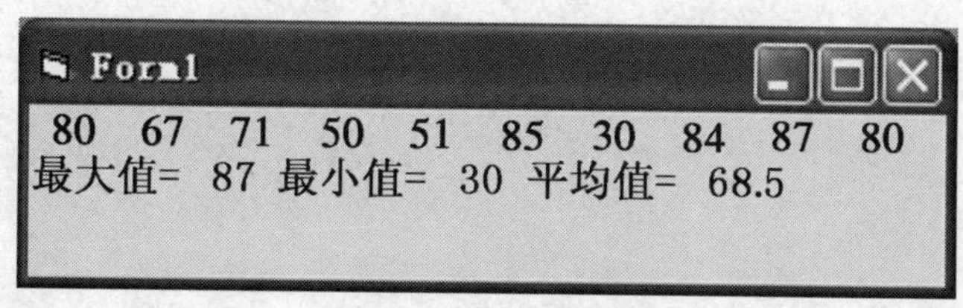


图 9-2 实验 2 运行界面

## 课内思考题

1. 实验内容 1 为什么数组和最后的求和变量声明为长整形？还可声明为什么类型？
2. 实验内容 2 为什么要将第一个元素的值赋给变量 max，min，aver?

## 课外作业题

1. 随机产生 20 个 0~100（包括 1 和 100）之间的数，统计 60 以下，60~79，80~100 各阶段个数。
2. 将随机产生的 10 个 1~100（包括 1 和 100）之间的数，用选择法从大到小重新排列。
3. 设有如下两组数据。

A 组：3，4，2，5，6，8　　　　B 组；9，4，34，5，22，8

编写程序，把上面的两组数据分别读入两个数组中，然后把两个数组中的对应下标的元素进行比较，计算出对应位置具有相同元素值的个数，最后输出相同元素值的个数及相同的几组元素值。

4. 随机产生 10 个大写字母，然后将第一字母与最后一个字母交换位置，第二个字母与倒数第二个字母交换位置，以此类推，输出最后结果。

# 实验十 二维数组应用

## 实验目的

掌握二维数组不同形式的显示方法，以及对数组中特定元素的引用。

## 预习内容

预习二维数组的声明和使用规则。

# 实验内容

随机生成一个 3 × 3 二维矩阵，并将它进行转置，如图 10-1 所示。

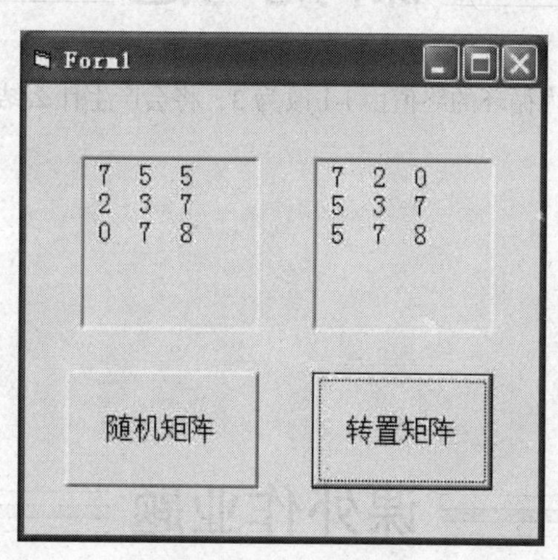


图 10-1　实验运行界面

**【分析】**

（1）为了在不同的事件中对数组进行处理，必须将数组在通用声明段声明。

（2）为了看得更清楚，本题目用 Picture1 控件来显示随机矩阵，用 Picture2 显示转置矩阵。

（3）本题目设计的是方阵 3 × 3，因此可用二维数组下标来表示矩阵的行和列。用双重循环的外循环控制行下标的变化，内循环控制列下标的变化。

（4）方阵的转置，就是 a(i,j)=a(j,i)。

**【程序】**

```
Option Base 1
Dim a(3, 3) As Integer
Private Sub Command1_Click()
For i = 1 To 3
   For j = 1 To 3
       a(i, j) = Int(Rnd * 10)
       Picture1.Print a(i, j);
   Next
   Picture1.Print
Next
End Sub
Private Sub Command2_Click()          '先转置，再显示
For i = 1 To 3
   For j = 1 To i - 1
       t = a(i, j)
       a(i, j) = a(j, i)
       a(j, i) = t
   Next
Next
For i = 1 To 3
   For j = 1 To 3
          Picture2.Print a(i, j);
   Next
   Picture2.Print
Next
End Sub
```

## 课内思考题

若 Command2_Click()内循环的终值由 i-1 改为 3，将会产生什么结果?

## 课外作业题

1. 随机产生一个 5×5（1 位整数）的矩阵，并求出对角线元素的和。
2. 利用控件数组制作出一个实用的计算器。

# 实验十一 过程与函数

## 实验目的

1. 掌握过程的定义与使用方法。
2. 掌握函数的定义与使用方法。
3. 区别参数的传址和传值调用。
4. 掌握变量的作用域的内涵。
5. 理解过程和函数的区别与联系。
6. 了解对象作为参数传递的方法。

## 预习内容

1. 通用过程的定义与调用方法。
2. “按地址方式”和“按值方式”传递参数的意义。
3. 函数的定义与调用方法。
4. 变量的作用域有几种，如何区分？

## 实验内容 1

将实验二中的实验内容 3，用“过程”的方法来完成。

**【操作步骤】**

1. 按照实验二中的实验内容 3 来设计窗体画面，修改属性。
2. 编写移动的通用过程，代码如下。

```
Private Sub toMove(ByVal matter As Control, ByVal upDown As Integer, ByVal leftRight As Integer)
    matter.Left = matter.Left + leftRight * 20
    matter.Top = matter.Top + upDown * 20
End Sub
```

3. 在“向上移动”的命令按钮中，输入如下代码。

```
Call toMove(LblMove, -1, 0)
```

4. 将其他按钮功能补充完成。
5. 运行程序，查看实际效果。

# 实验内容 2

用函数实现“回文数”的判断程序。“回文数”是指顺读和倒读数字相同，只有一位数字时也算回文数。

程序功能描述：在文本框中输入数字后，按<Enter>键后，在旁边的标签中，显示结果。清空文本框进行下一个数字的输入和判断。程序执行画面如图 11-1 所示。

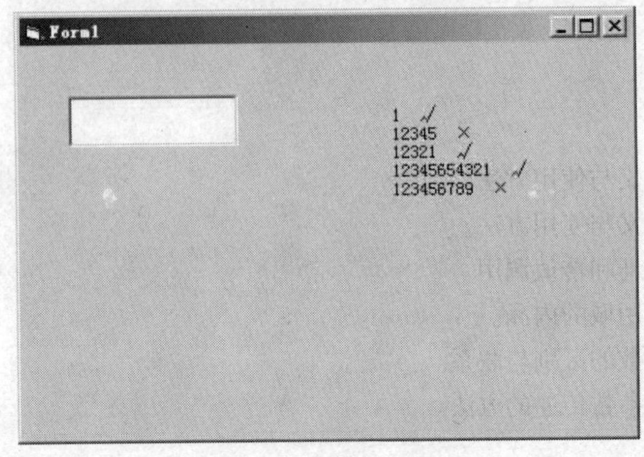


图 11-1　程序画面

**【操作步骤】**

1. 新建工程。引入一个文本框和一个标签。
2. 输入如下代码。

```
Private Sub Form_Load()
    Text1.Text = ""
    Label1.Caption = ""
    Label1.AutoSize = True
End Sub
Private Sub Text1_KeyPress(KeyAscii As Integer)
    Dim ss As String
    If KeyAscii = 13 Then
        ss = Text1.Text
        If IsNumeric(ss) Then
            Label1.Caption = Label1.Caption & ss
            If isHui(ss) Then
                Label1.Caption = Label1.Caption & "  √"
            Else
                Label1.Caption = Label1.Caption &"  ×
            End If
            Label1.Caption = Label1.Caption & vbCrLf
        End If
        Text1.Text = ""
    End If
End Sub
Private Function isHui(ByVal ss As String) As Boolean
    Dim ls As Integer
    Dim tag As Boolean
    tag = True
```

```
ss = Trim(ss)
ls = Len(ss)
    For i = 1 To Int(ls / 2)
        If Mid(ss, i, 1) <> Mid(ss, ls + 1 - i, 1) Then
            tag = False
            Exit For
        End If
    Next i
    isHui = tag
End Function
```

3. 运行程序。在文本框中输入数字或字符时，按<Enter>键，看有什么效果。

# 实验内容 3

变量作用域的辨析。

**【操作步骤】**

1. 新建工程。在窗体窗口上画三个命令按钮。

2. 输入如下代码。

```
Dim a As Integer
Dim b As Integer
Private Sub Command1_Click()
    Dim a As Integer
    a = a + 1
    b = b + 1
End Sub
Private Sub Command2_Click()
    a = a + 1
    b = b + 1
End Sub
Private Sub Command3_Click()
    Print "a="; a; "b="; b
End Sub
```

3. 按两次“Command1”和两次“Command2”按钮后，按“Command3”按钮，查看a和b的值，分析原因。

4. 删除上面的代码，输入如下代码。

```
Private Sub Command1_Click()
    Dim a As Integer
    Dim b As Integer
    a = 10: b = 20
    Call test1(a, b)
    Print "a="; a; "b="; b
End Sub
Private Sub Command2_Click()
    Dim a As Integer
    Dim b As Integer
    a = 10: b = 20
    Call test2(a, b)
    Print "a="; a; "b="; b
End Sub
Private Sub Command3_Click()
    Dim a As Integer
    Dim b As Integer
    a = 10: b = 20
```

```
    Call test3(a, b)
    Print "a="; a; "b="; b
End Sub
Private Sub test1(ByVal a As Integer, ByVal b As Integer)
    Dim c As Integer
    c = a: a = b: b = c
End Sub
Private Sub test2(ByVal a As Integer, ByRef b As Integer)
    Dim c As Integer
    c = a: a = b: b = c
End Sub
Private Sub test3(ByRef a As Integer, ByRef b As Integer)
    Dim c As Integer
    c = a: a = b: b = c
End Sub
```

5. 运行程序。分别按 3 个按钮。查看结果，并分析原因。

6. 删除上面的代码，输入如下代码。

```
Private Sub Command1_Click()
    Dim a As Integer
    Dim b As Integer
    a = 10: b = 20
    Call test1(b, a)
    Print "a="; a; "b="; b
End Sub
Private Sub Command2_Click()
    Dim a As Integer
    Dim b As Integer
    a = 10: b = 20
    Call test2(a, b)
    Print "a="; a; "b="; b
End Sub
Private Sub Command3_Click()
    Dim a As Integer
    Dim b As Integer
    a = 10: b = 20
    Call test2(b, a)
    Print "a="; a; "b="; b
End Sub
Private Sub test1(ByRef a As Integer, ByRef b As Integer)
    Dim c As Integer
    c = a: a = b: b = c
End Sub
Private Sub test2(ByVal a As Integer, ByRef b As Integer)
    a = 30
    b = 40
    Call test3(a, b)
End Sub
Private Sub test3(ByRef a As Integer, ByRef b As Integer)
    a = 50: b = 60
End Sub
```

7. 运行程序。分别按 3 个按钮。查看结果，并分析原因。

## 课内思考题

1. 将实验内容 1 用函数来完成。

2. 将实验内容 2 用过程来完成。
3. 过程和函数的区别是什么，为什么要使用它们？
4. 修改实验内容 2 的程序，使它能够判断是否为回文字符。运行效果如图 11-2 所示。

图 11-2　程序运行效果

5. 总结参数传值和传址调用的作用。

## 课外作业题

1. 仿照手机中秒表的功能，自己设计一个秒表程序。
2. 找出 300 以内的质数对。质数对指两质数的差为 2。
3. 分别用过程和函数，编写 1!+2!+3!+4!+5!…的程序。
4. 编写程序，在已知的字符串中，找出最长的单词。运行效果如图 11-3 所示。
5. 编写程序完成十进制整数转换成二～十六任意进制数的程序，运行效果如图 11-4 所示。

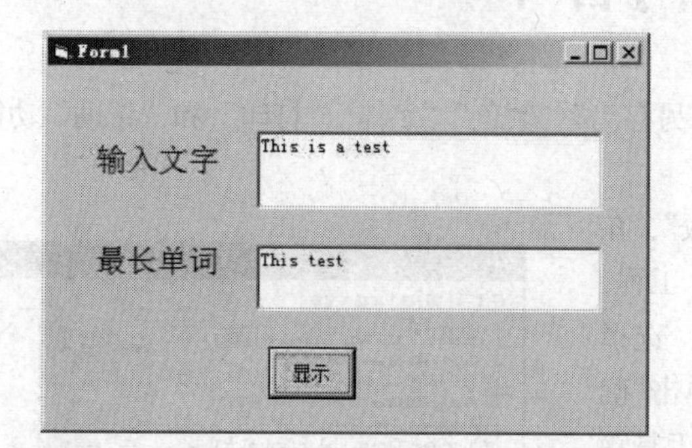

图 11-3　运行画面

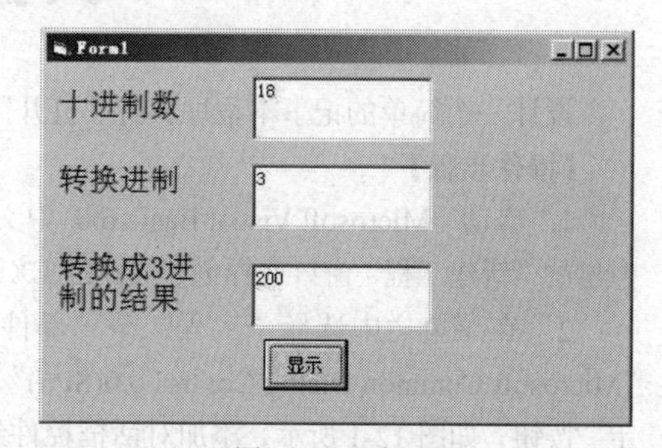

图 11-4　运行画面

# 实验十二

# 对话框、菜单及多窗体设计

## 实验目的

1. 掌握对话框的设计及使用方法。
2. 掌握菜单编辑器的使用方法，并针对菜单进行编程。
3. 掌握多窗体的使用方法。
4. 掌握工具栏的制作和使用方法。

## 预习内容

1. 在工具箱中添加对话框的方法，以及文本对话框、字体对话框和颜色对话框的设计。
2. 菜单编辑器的功能及使用方法。
3. 不同窗体间数据相互访问的方法。
4. 在工具箱中添加工具栏的方法及工具栏的使用方法。

## 实验内容 1

设计一个简单的记事本程序，有“打开”“另存为”“颜色”“字体”“打印”和“帮助”功能。

**【操作步骤】**

1. 启动“Microsoft Visual Basic 6.0 中文版”，在弹出的“新建工程”窗口选择创建“标准 EXE”工程。

2. 在菜单栏中选择“工程”→“部件”，选择“Microsoft Common Dialog Control 6.0(SP6)”，单击“确定”按钮，如图 12-1 所示，添加对话框控件到工具箱中。此时，在工具箱最后出现图标。

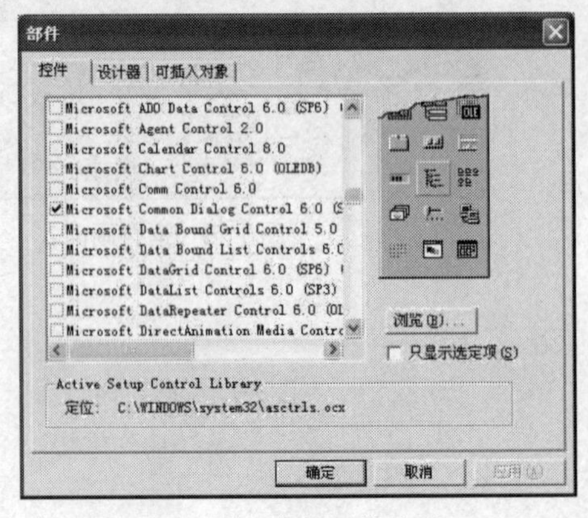


图 12-1 部件列表界面

3. 在菜单栏中选择“工具”→“菜单编辑器”，输入菜单的“标题”和“名称”两项，单击“下一个”按钮，继续创建其他菜单项（注：可以通过“←”“→”“↑”“↓”设置二级以上菜单）。菜单的设置，如图 12-2 所示。

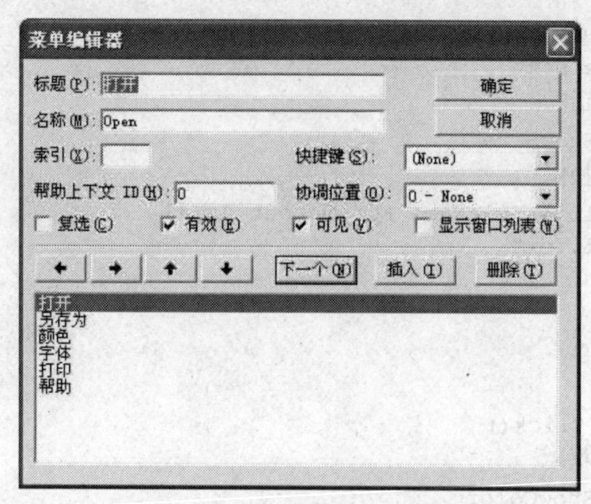


图 12-2　菜单编辑器设置界面

4. 窗体的布局，如图 12-3 所示。

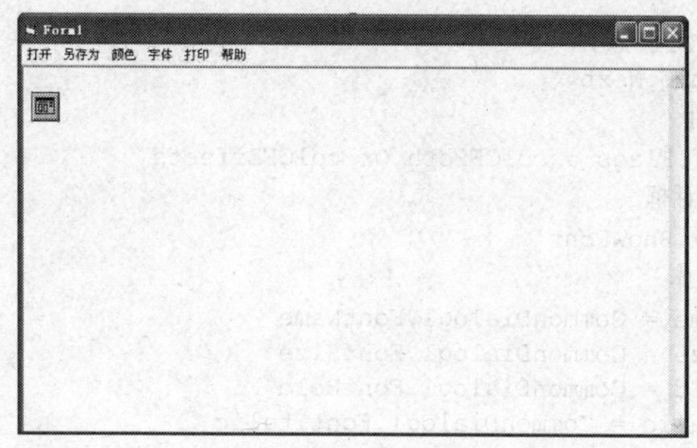


图 12-3　窗体布局界面

5. 编写程序代码，如下。

```
'“打开”按钮的程序代码
Private Sub Open_Click()
    '打开“打开”对话框
    CommonDialog1.ShowOpen
    '判断文件名是否为空
    '如果文件名不为空，读取文件
    If CommonDialog1.FileName <> Null Or CommonDialog1.FileName <> "" Then
        '打开文件进行读操作
        Open CommonDialog1.FileName For Input As #1
        '判断读取文件是否结束
        '如果读取文件没有结束
        Do While Not EOF(1)
            '读一行数据
            Line Input #1, Data1
            Text1.Text = Text1.Text + Data1 + Chr(13) + Chr(10)
        Loop
    End If
    '关闭文件
    Close #1
End Sub
'“另存为”按钮的程序代码
```

```
Private Sub SaveAs_Click()
    On Error Resume Next
    '打开“另存为”对话框
    CommonDialog1.ShowSave
    '打开文件进行写入操作
    Open CommonDialog1.FileName For Output As #1
    Print #1, Text1.Text
    '关闭文件
    Close #1
End Sub
'“颜色”按钮代码
Private Sub Colour_Click()
    '打开“颜色”对话框
    CommonDialog1.ShowColor
    '设置文本框的字体颜色
    Text1.ForeColor = CommonDialog1.Color
End Sub
'“字体”按钮代码
Private Sub Font_Click()
    On Error Resume Next
    '改变 Flags 属性
    CommonDialog1.Flags = cdlCFBoth Or cdlCFEffects
    '打开“字体”对话框
    CommonDialog1.ShowFont
    '设置文本框的字体
    Text1.FontName = CommonDialog1.FontName
    Text1.FontSize = CommonDialog1.FontSize
    Text1.FontBold = CommonDialog1.FontBold
    Text1.FontItalic = CommonDialog1.FontItalic
    Text1.FontStrikethru = CommonDialog1.FontStrikethru
    Text1.FontUnderline = CommonDialog1.FontUnderline
    Text1.ForeColor = CommonDialog1.Color
End Sub
'“打印”按钮代码
Private Sub Print_Click()
    On Error Resume Next
    Dim i As Integer
    '打开“打印”对话框
    CommonDialog1.ShowPrinter
    '打印文本框内容
    For i = 1 To CommonDialog1.Copies
        Printer.Print Text1.Text
    Next i
    '结束打印
    Printer.EndDoc
End Sub

'“帮助”按钮代码
Private Sub Help_Click()
    '联机帮助的类型
    CommonDialog1.HelpCommand = cdlHelpContents
    '确定帮助的文件
    CommonDialog1.HelpFile = "C:\WINDOWS\Help\VBCMN96.HLP"
    '打开“帮助”对话框
    CommonDialog1.ShowHelp
```

```
End Sub
```

6. 调试并运行上述代码。

# 实验内容 2

使用多窗体创建一个简单的选课系统。

**【操作步骤】**

1. 启动“Microsoft Visual Basic 6.0 中文版”，在弹出的“新建工程”窗口选择创建“标准EXE”工程。

2. 创建 3 个窗体，如图 12-4、图 12-5 和图 12-6 所示。

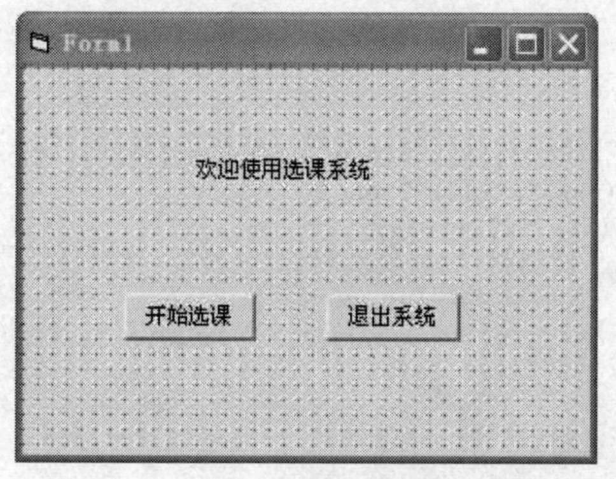


图 12-4　Form1 布局界面

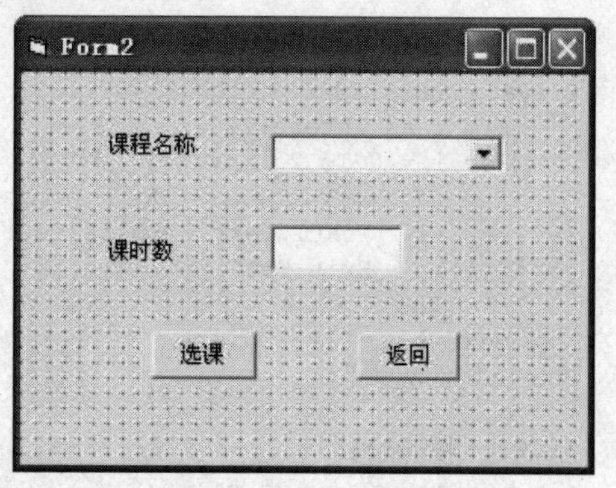


图 12-5　Form2 布局界面

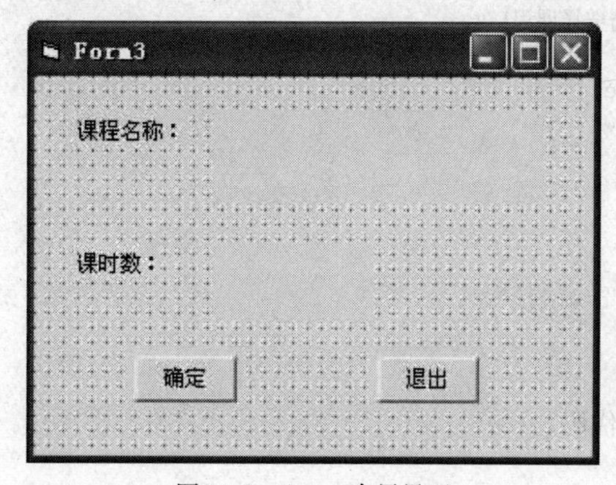


图 12-6　Form3 布局界面

3. 各窗体对应代码如下。

（1）Form1 的程序代码。

```
'主窗体代码
'“开始选课”按钮代码
Private Sub Command1_Click()
    Form2.Show
    Form1.Hide
End Sub
'“退出系统”按钮代码
```

```
Private Sub Command2_Click()
   End
End Sub
```

（2）Form2 的程序代码。

```
'选课窗体代码
Dim courseAll()

'初始化数据
Private Sub Form_Load()
    courseAll = Array("计算机基础,12", "VB 程序设计,18", "C 语言程序设计,18")
    Combo1.AddItem "计算机基础"
    Combo1.AddItem "VB 程序设计"
    Combo1.AddItem "C 语言程序设计"
End Sub

'计算对应课程的课时
Private Sub Combo1_Click()
    Dim i As Integer
    For i = 0 To 2
        If Combo1.Text = Split(courseAll(i), ",")(0) Then
            Text1.Text = Split(courseAll(i), ",")(1)
            Exit For
        End If
    Next i
End Sub

'“选课”按钮代码
Private Sub Command1_Click()
    If Combo1.Text = "" Then
        MsgBox "请选择课程! "
    Else
        Form2.Hide
        Form3.Show
    End If
End Sub

'“返回”按钮代码
Private Sub Command2_Click()
    Form2.Hide
    Form1.Show
End Sub
```

（3）Form3 的程序代码。

```
'选课结果窗体代码
'初始化数据
Private Sub Form_Load()
    Label2.Caption = Form2.Combo1.Text
    Label4.Caption = Form2.Text1.Text
End Sub

'“确定”按钮代码
Private Sub Command1_Click()
    MsgBox "恭喜，选课成功! "
End Sub
```

```
'"退出"按钮代码
Private Sub Command2_Click()
    End
End Sub
```

4. 设置工程的执行顺序，在菜单栏中选择“工程”→“工程 1 属性”，将启动对象设置为“Form1”。

5. 调试并运行上述代码。

# 实验内容 3

使用工具栏创建一个简单的计算器。

**【操作步骤】**

1. 启动“Microsoft Visual Basic 6.0 中文版”，在弹出的“新建工程”窗口选择创建“标准 EXE”工程。

2. 在菜单栏中选择“工程”→“部件”，选择“Microsoft Windows Common Control 5.0”，单击“确定”按钮，如图 12-7 所示，添加工具栏控件到工具箱中。此时，在工具箱中出现图标。

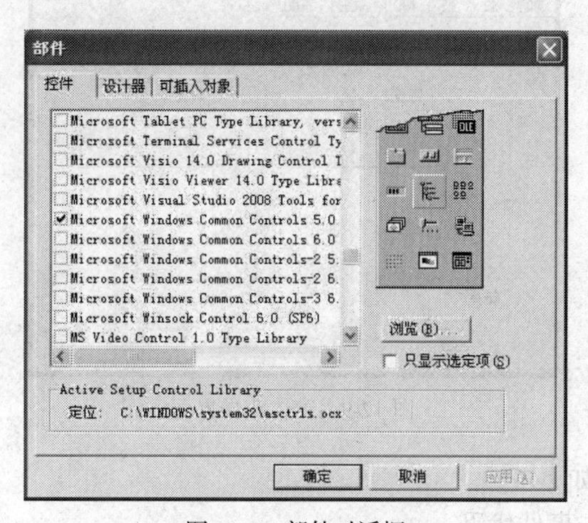

图 12-7　部件对话框

3. 在窗体中创建一个 Toolbar1 控件，为工具栏 Toolbar1 添加按钮。右键单击 Toolbar1 控件，选择属性，调出属性页，选择“按钮”选项卡，如图 12-8 所示。

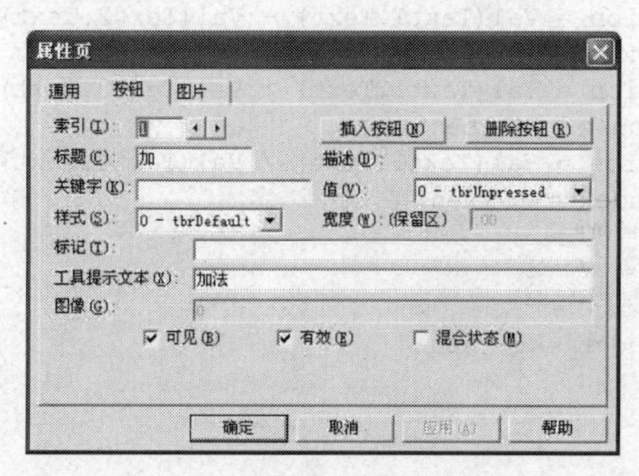

图 12-8　属性页中按钮设置界面

4. 单击“插入按钮”，在 Toolbar1 中添加了一个按钮，设置“工具提示文本”和对应的索引值，其中内容见表 12-1。

表 12-1 “按钮”选项卡设置表

| 按 钮 | 索 引 | 样 式 | 工具提示文本 |
|---|---|---|---|
| 按钮 1 | 1 | 0 – tbrDefault | 加法 |
| 按钮 2 | 2 | 0 – tbrDefault | 减法 |
| 按钮 3 | 3 | 0 – tbrDefault | 乘法 |
| 按钮 4 | 4 | 0 – tbrDefault | 除法 |
| 按钮 5 | 5 | 3 – tbrSeparator | |
| 按钮 6 | 6 | 0 – tbrDefault | 清空 |
| 按钮 7 | 7 | 3 – tbrSeparator | |
| 按钮 8 | 8 | 0 – tbrDefault | 关闭 |

5. 窗体的布局，如图 12-9 所示。

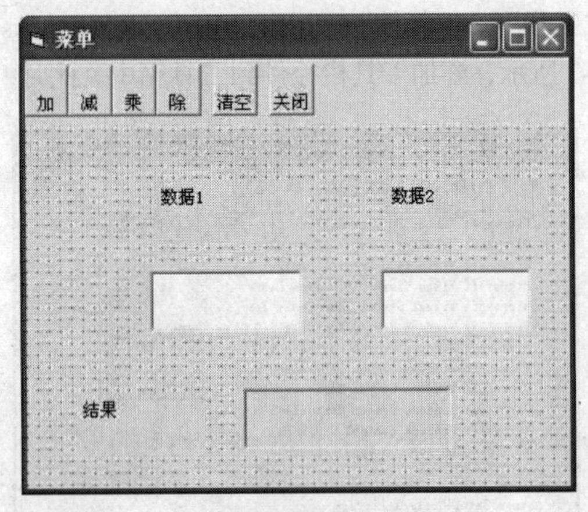


图 12-9 窗体布局界面

6. 编写程序代码，如下。

```
'工具栏中按钮的单击事件代码
Private Sub Toolbar1_ButtonClick(ByVal Button As ComctlLib.Button)
    If Button.Index = 1 Then
        Label4.Caption = Val(Text1.Text) + Val(Text2.Text)
    ElseIf Button.Index = 2 Then
        Label4.Caption = Val(Text1.Text) - Val(Text2.Text)
    ElseIf Button.Index = 3 Then
        Label4.Caption = Val(Text1.Text) * Val(Text2.Text)
    ElseIf Button.Index = 4 Then
        Label4.Caption = Val(Text1.Text) / Val(Text2.Text)
    ElseIf Button.Index = 6 Then
        Text1.Text = ""
        Text2.Text = ""
        Label4.Caption = ""
    ElseIf Button.Index = 8 Then
        End
    End If
End Sub
```

7．调试并运行上述代码。

## 课内思考题

1. 在实验内容 1 中，“打开”按钮的程序代码第 2 句“if CommonDialog1.FileName <> Null Or CommonDialog1.FileName <> ""”的作用是什么？去掉会怎么样？

2. 将实验内容 2 中的代码进行改进，将 Form3 中的“退出”按钮改为“返回”按钮，使程序可以从 Form3 跳转回到 Form2，继续进行选课。

3. 实验内容 3 中按钮 5 和按钮 7 的作用是什么？

## 课外作业题

1. 使用“菜单”和“工具栏”两种方法，设计一个应用程序。程序实现如下功能：用户输入一个十进制数后，通过“菜单”或者“工具栏”进行选择，将该数转换为八进制或者十六进制，转换后的数制及注释文字分别显示在左右侧的标签及文本框中。窗体的布局如图 12-10 所示。

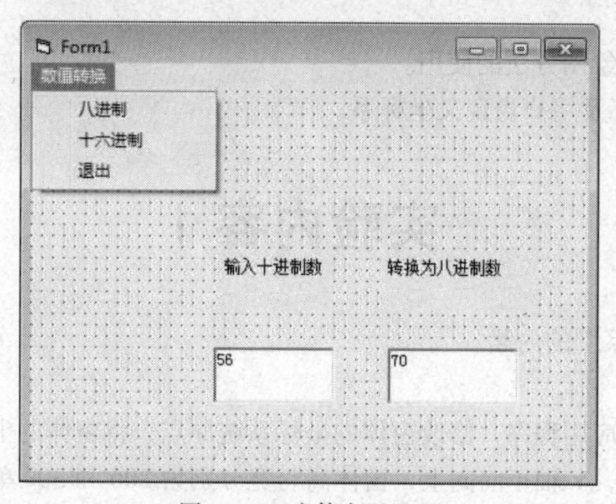


图 12-10　窗体布局界面

2. 使用“多窗体”编写一个简单的库存管理系统。要求如下：

（1）Form1 是主窗体，包含 3 个按钮，分别是输入商品、查询入库商品和结束。

（2）Form2 是输入商品窗体，可以输入入库商品的名称以及单价和数量，单击“确定”按钮，完成商品入库，单击“返回”按钮返回到主窗体 Form1。

（3）Form3 是查询入库商品窗体，用来显示刚才入库商品的名称、单价、数量和总价，单击“返回”按钮回到主窗体 Form1。

# 实验十三 VB 画图技术

## 实验目的

1. 理解 VB 中坐标系的概念。
2. 掌握用图形方法绘制典型图形。
3. 掌握图片框、图像框控件的使用方法。
4. 掌握直线控件和形状控件的使用方法。

## 预习内容

1. VB 中坐标系，绘图方法的使用。
2. 容器控件的坐标及用户自定义坐标系。

## 实验内容 1

掌握“VB 中坐标系”的内涵。

**【操作步骤】**

建立一个新的 VB 应用程序，修改窗体的坐标系统原点，将窗体的坐标系统原点定义在窗体中心，X 轴的正向向右，Y 轴正向向上，窗体高与宽分别为 200 和 300 单位长度。打开“代码窗口”，输入如下代码。

```
Private Sub Form_Load()
    Form1.ScaleLeft = -150
    Form1.ScaleTop = 100
    Form1.ScaleWidth = 300
    Form1.ScaleHeight = -200
    Form1.Line(-150,0)-(150,0)
    Form1.Line(0,100)-(0,-100)
    FontSize = 11
    Form1.FontBold = True
    Form1.CurrentX = 0 : Form1.CurrentY = -1 : Print 0 ;"新坐标原点"
    Form1.CurrentX = 140 : Form1.CurrentY = 1 : Print "X"
    Form1.CurrentX = 3 : Form1.CurrentY = 90 : Print "Y"
End Sub
```

运行程序，确认打印出来的新坐标系统。

# 实验内容 2

图形方法的应用。

**【操作步骤】**

1. 在窗体中绘制-π 到 π 的曲线。

2. 在代码窗口中添加如下代码。

```
Private Sub Form_Click()
    Const Pi = 3.1415926
    Cls
    Form1.ScaleTop = 1.5
    Form1.ScaleLeft = -1.5 * Pi
    Form1.ScaleHeight = -3
    Form1.ScaleWidth = 3 * Pi
    For x = -Pi To Pi Step 0.001
        PSet (x, Sin(x))
    Next x
End Sub
```

运行程序。

3. 修改 ScaleTop 和 ScaleLeft 属性，及窗体的宽度和高度，再次运行程序，查看有什么不一样的地方。

# 实验内容 3

图片框和图像框控件的使用。

**【操作步骤】**

1. 在窗体中左右各放置一个大小相同的图片框和图像框，修改边框样式（BordeStyle 属性），使它们边框相同。通过 Picture 属性载入一个同样的位图文件（.bmp），观察两个控件的变化及图形的差异。

2. 设置图片框的 AutoSize 属性为 True，观察两个图形的差异。

3. 设置图像控件的 Stretch 属性为 True，再次通过 Picture 属性载入同样的位图文件（.bmp），观察两个图形的差异。

4. 创建一个测试图像控件特性的应用程序：单击窗体上的“放大”“缩小”按钮，可使图像框中的图形放大和缩小。效果如图 13-1 所示。

图 13-1　实验 3 界面设计

```
Private Sub Command1_Click()
        Image1.Width = Image1.Width * 1.2
        Image1.Height = Image1.Height * 1.2
End Sub
Private Sub Command2_Click()
        Image1.Width = Image1.Width / 1.2
```

```
        Image1.Height = Image1.Height / 1.2
    End Sub
    Private Sub Command3_Click()
        End
    End Sub
```

运行程序，观察结果。

# 实验内容 4

直线控件和形状控件的使用。

【操作步骤】

1. 新建窗体，并在窗体中添加一条直线、一个形状控件和相应按钮，如图 13-2 所示。

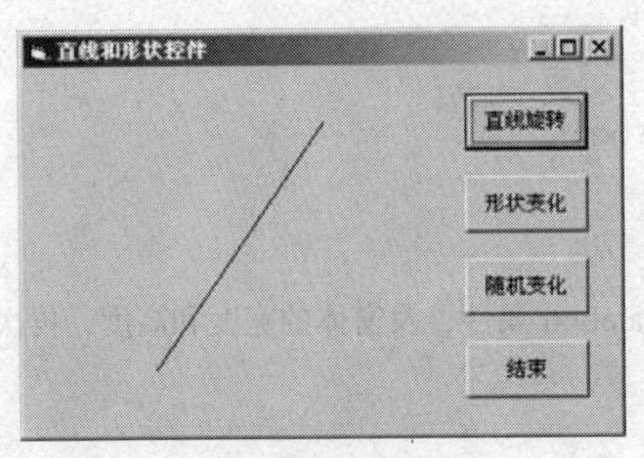


图 13-2 实验 4 画面设计

2. 通过命令按钮控制直线控件的旋转和形状控件的形状、位置的变化，掌握直线和形状控件的特点和使用方法。

```
    Private Sub Command1_Click()
        Const Pi As Double = 3.1415926
        Dim r As Double, x0 As Double, y0 As Double
        Dim i As Integer, j As Long
        Line1.Visible = True
        r = Sqr((Line1.X2 - Line1.X1) ^ 2 + (Line1.Y2 - Line1.Y1) ^ 2) / 2
        x0 = (Line1.X2 + Line1.X1) / 2
        y0 = (Line1.Y2 + Line1.Y1) / 2
        For i = 1 To 360
           Line1.X2 = x0 + r * Cos(i * Pi / 180)
           Line1.Y2 = y0 + r * Sin(i * Pi / 180)
           Line1.X1 = x0 - r * Cos(i * Pi / 180)
           Line1.Y1 = y0 - r * Sin(i * Pi / 180)
           DoEvents
           For j = 0 To 2000000
           Next j
        Next i
        Line1.Visible = False
     End Sub
     Private Sub Command2_Click()
      Shape1.Visible = True
      For i = 1 To 36
         Shape1.Shape = i Mod 6
         DoEvents
         For j = 0 To 200000000
         Next j
```

```
        Next i
        Shape1.Visible = False
End Sub
Private Sub Command3_Click()
        Shape1.Visible = True
        For i = 0 To 36
                Randomize
                Shape1.Shape = Int(Rnd * 5)
                Shape1.Width = Int(Rnd * Form1.ScaleWidth)
                Shape1.Height = Int(Rnd * Form1.ScaleHeight)
                Shape1.Left = Int(Rnd * (Form1.ScaleWidth - Shape1.Width))
                Shape1.Top = Int(Rnd * (Form1.ScaleHeight - Shape1.Height))
                Shape1.FillColor = RGB(Rnd * 255, Rnd * 255, Rnd * 255)
                DoEvents
                For j = 0 To 200000000
                Next j
        Next i
        Shape1.Visible = False
End Sub
Private Sub Command4_Click()
        End
End Sub
```

## 课内思考题

1. 常用的坐标变换方法有哪些？常用的绘图对象、绘图方法有哪些？

2. 画笔提供给绘图指令在绘图对象上绘画，画笔用于处理哪个部分？将绘图对象 g 上内容清除为白色，使用的指令是什么？

3. 绘制一个圆弧，其终止角度为正数时表示按何方向绘图？

4. 为实验内容 4 中追加一个“停止”按钮，使正在描画的图形停止画图。

## 课外作业题

1. 编写一个图片沿圆周移动一周的程序，如图 13-3 所示。

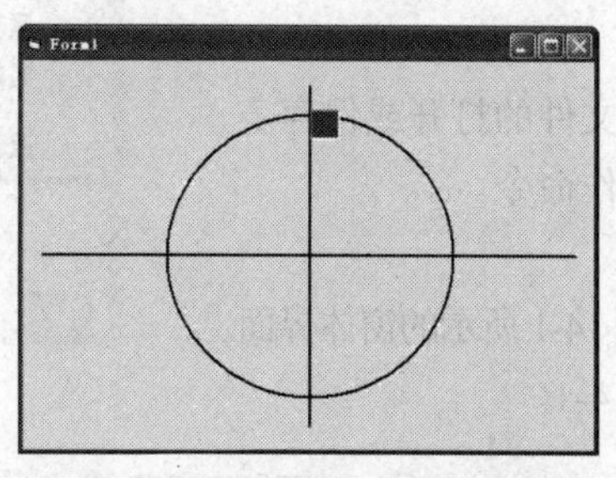


图 13-3　图片沿圆周移动程序画面

（1）如让图片沿圆周走两圈，需要改哪个语句？

（2）如让一小图片沿椭圆圆周移动，如何编写程序？

2. 编写程序，能实现用菜单选择线型、线宽、填充颜色与填充图形。

# 实验十四 文件输入输出

## 实验目的

1. 熟练掌握顺序文件的读、写技术。
2. 了解随机文件的读、写方法。

## 预习内容

1. 打开、读取、写入及关闭顺序文件的方法。
2. 菜单的设计及编写菜单命令代码的方法。
3. 通用对话框控件的主要属性和方法的使用。
4. 顺序文件访问基本技术。
5. 通用函数的定义与调用方法。

# 实验内容 1

顺序文件读写实验。要求建立一个简单的文本编辑器。该编辑器具有新建文件、打开文件和保存文件等功能。

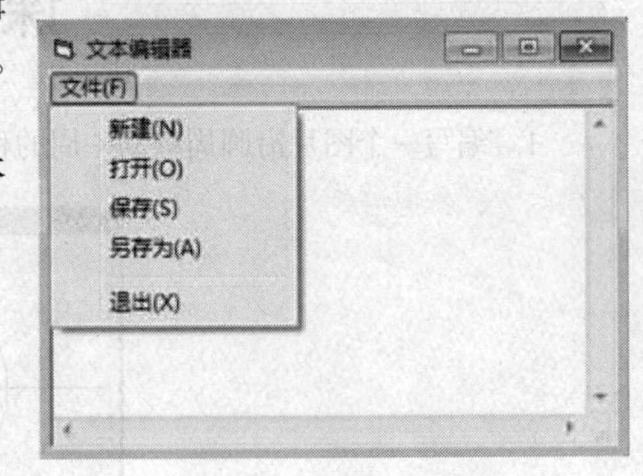


图 14-1 文本编辑器界面

【设计思路】

1. 在窗体上放置多行文本框，作为打开和编辑文本的窗口。
2. 用通用对话框完成指定文件的打开或保存。
3. 建立菜单实现对文件操作命令。

【操作步骤】

1. 建立新项目，并设计如图 14-1 所示的窗体界面。窗体上各控件的属性见表 14-1。

表 14-1 属性值设置

| 对 象 | 属 性 | 属 性 值 |
|---|---|---|
| Form1 | Name | F_Editor |
| | Caption | 文本编辑器 |

续表

| 对　象 | 属　性 | 属 性 值 |
|---|---|---|
| Text1 | Name | T_Editor |
| CommonDialog1 | Multiline | True |
| | ScrollBars | Both |
| | Text | |
| | Name | CDlg_File |

2. 按图 14-2 建立菜单，菜单设置见表 14-2。

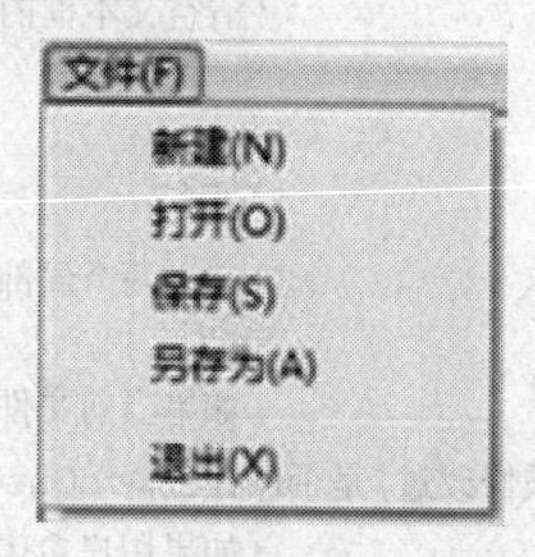


图 14-2

表 14-2　菜单设置

| 菜单标题 | 菜单名称 |
|---|---|
| 文件(&F)… | FileMenu |
| 新建(&N)… | FileNew |
| 打开(&O)… | FileOpen |
| 保存(&S)… | FileSave |
| 另存为(&A)… | FileSaveAs |
| … | Separator1 |
| 退出(&X)… | FileExit |

3. 编写下面的菜单命令代码。

（1）定义 3 个窗体级变量。

```
Option Explicit
Dim Changed As Boolean                     '用来表示文件内容是否被修改
Dim FileName As String                     '存放打开的文件名
Dim FileNumber As Integer                  '存放文件号
```

（2）为窗体的 Resize 事件编写代码。该代码在窗体大小改变时，使文本框始终能充满整个窗体。

```
Private Sub Form_Resize()
T_Editor.Top=F_Editor.ScaleTop
T_Editor.Left=F_Editor.ScaleLeft
T_Editor.Width=F_Editor.ScaleWidth
T_Editor.Height=F_Editor.ScaleHeight
End Sub
```

（3）菜单的“新建”命令代码。

```
Private Sub FileNew_Click()
Dim Ret as Integer
If Changed=True Then                  '如果当前文件被修改,则询问是否保存
Ret=MsgBox("文件"&FileName&"被修改过,是否保存?",vbQuestion Or_vbYesNoCancel)
If Ret=vbYes Then
```

```
FileSave_Click                                   '调用“保存”菜单命令事件过程，保存文件
ElseIf Ret=vbCancel Then                         '如果选择“取消”按钮，则退出该事件过程
Exit Sub
End If
End If
Changed=True                                     '设置新文件的修改标志
FileName=App.Path&"\Noname.txt"                  '新文件的缺省路径和文件名
F_Editor.Caption=Left(F_Editor.Caption,5)&""&FileName   '用新文件名更新窗体 Caption 属
性,语句中 Left(F_Editor.Caption,5)返回“文本编辑器”五个字。
T_Editor.Text=""                                 '清空文本框内容
End Sub
```

（4）“打开”菜单命令代码。

```
Private Sub FileOpen_Click()
Dim ReadText As String                           '定义两个局部变量
Dim Ret As Integer
If Changed=True Then                             '如果当前文件被修改,则询问是否保存修改
Ret=MsgBox("文件"&FileName&"被修改过,是否保存?",vbQuestion Or vbYesNoCancel)
If Ret=vbYes Then                                '如果用户希望保存文件,则调用“保存”菜单
FileSave_Click                                   '调用“保存”菜单命令事件过程，保存文件
ElseIf Ret=vbCancel Then                         '如果选择“取消”按钮，则退出该事件过程
Exit Sub
End If
End If
CDlg_File.Filter="文本文件|*.txt"                '设置打开文件类型
CDlg_File.ShowOpen                               '显示共用对话框
FileName=CDlg_File.FileName                      '获取选择的文件名
If FileName="" Then                              '如果文件名为空，则退出该事件过程
Exit Sub
End If
T_Editor.Text=""                                 '清空文本框
F_Editor.Caption=Left(F_Editor.Caption,5)&""&FileName      '改变窗口标题
FileNumber=FreeFile(1)                           '取得一个 256 至 511 之间的空闲文件号
Open FileName For Input As #FileNumber           '以读方式打开文件
Do Until EOF(FileNumber)                         '读取文件内容直到文件尾
Line Input #FileNumber,ReadText                  '以行输入方式读取文件
'将文件内容显示在文本框内
T_Editor.Text=T_Editor.Text&ReadText&Chr(13)&Chr(10)
Loop
Close #FileNumber                                '关闭文件
Changed=False                                    '复位文件修改标志
End Sub
```

（5）“保存”菜单命令代码。

```
Private Sub FileSave_Click()
FileNumber=FreeFile(1)                           '获取文件号
Open FileName For Output As #FileNumber          '以写方式打开文件
Print #FileNumber, T_Editor.Text                 '将文本框内容写入文件
Close #FileNumber                                '关闭文件
Changed=False
End Sub
```

（6）“另存为”菜单命令代码。

```
Private Sub FileSaveAs_Click()
Dim Filestr As String
CDlg_File.ShowSave                        '显示保存文件共用对话框
Filestr=CDlg_File.ShowSave                '获取保存文件名
If Filestr="" Then                        '文件名为空，退出子过程
Exit Sub
End If
FileName=Filestr                          '保存文件名
FileNumber=FreeFile(1)
Open FileName For Output As #FileNumber   '以写方式打开文件
Print #FileNumber, T_Editor.Text          '保存文件
Close #FileNumber                         '关闭文件
Changed=False                             '复位文件修改标志
F_Editor.Caption=Left(F_Editor.Caption,5)&""&FileName     '更新窗口标题
End Sub
```

（7）为窗体的 Unload 事件编写程序。

窗体的 Unload 事件在退出文本编辑器时触发，此时应检查文件是否修改过。

```
Private Sub Form_Unload(Cancel As Integer)
Dim Ret As Integer
If Changed=True Then                      '如果文件被修改过,则询问是否保存修改
Ret=MsgBox("文件"&FileName&"被修改过,是否保存?",vbQuestion Or vbYesNoCancel)
If Ret=vbYes Then                         '调用“保存”菜单命令代码,保存文件
FileSave_Click                            '如果选择“取消”按钮,将 Cancel 变量置 1,则不退出文
本编辑器
ElseIf Ret=vbCancel Then
Cancel=1
End If
End If
End Sub
```

（8）为文本框的 Change 事件和“退出”菜单命令编程。

```
Private Sub T_Editor_Change()
Changed=True                              '当文本框的 Change 事件发生时,设置文件修改标志
End Sub

Private Sub FileExit_Click()
Unload Me                                 '卸载窗体,触发窗体的 Unload 事件
End Sub
```

4. 调试并运行“文本编辑器”软件，将出现如图 14-3 所示的界面。

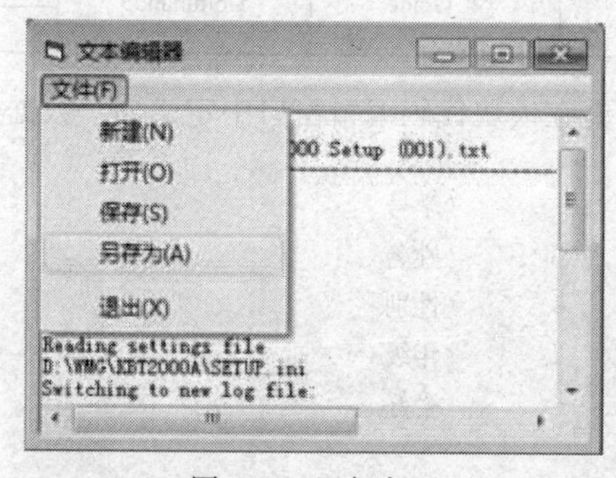


图 14-3　运行窗口

# 实验内容 2

随机文件读写实验。要求用随机文件访问技术，编写一个简单的学生档案管理软件。

【设计思路】

使用定长的自定义数据类型记录学生信息，并将该信息保存在随机文件中。

【操作步骤】

1. 建立新项目，并设计如图 14-4 所示的窗体。

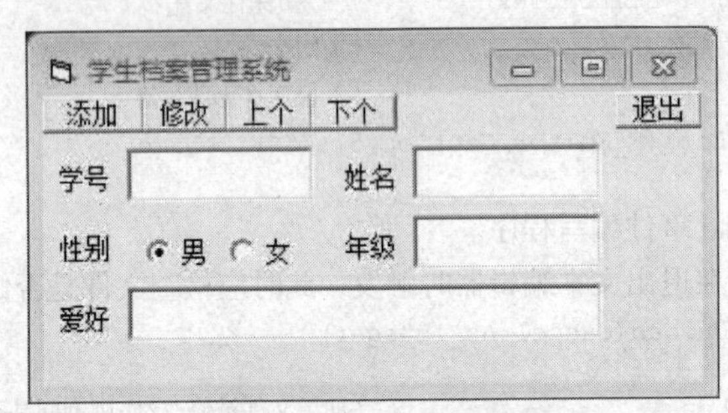


图 14-4　学生档案管理窗体

其中，各标签、文本框及选项按钮的名称见表 14-3。

表 14-3　属性值设置

| 对　象 | 属　性 | 属　性　值 | 对　象 | 属　性 | 属　性　值 |
|---|---|---|---|---|---|
| Label1 | Caption | 学号 | Label5 | Caption | 爱好 |
| Text1 | Name | T_ID | Text4 | Name | T_hobby |
| Label2 | Caption | 姓名 | Command1 | Caption | 添加 |
| Text2 | Name | T_Name | | Name | Cmd_Add |
| Label3 | Caption | 性别 | Command2 | Caption | 修改 |
| Option1 | Name | Opt_man | | Name | Cmd_modify |
| | Caption | 男 | Command3 | Caption | 向上 |
| Option2 | Name | Opt_woman | | Name | Cmd_Prev |
| | Caption | 女 | Command4 | Caption | 向下 |
| Label4 | Caption | 年级 | | Name | Cmd_Next |
| Text3 | Name | T_Grade | Command5 | Caption | 退出 |
| | | | | Name | Cmd_Exit |

2. 向工程中添加模块，并在模块代码编辑窗口中定义如下数据类型。

```
Type Student
S_ID As String*8                    '学号
S_Name As String*6                  '姓名
S_Sex As String*2                   '性别
S_Grade As String*10                '年级
S_Hobby As String*30                '爱好
End Type
```

3. 定义窗体级变量。

```
Dim Stud As Student              '用来存放从文件中读取或写入文件的记录
Dim Position As Long             '记录的当前位置
Dim LastRecord As Long           '文件中记录总数
Dim FileNumber As Integer        '文件号
Dim RecLength As Long            '每条记录的长度
```

4. 定义3个通用函数。

（1）显示指定学生记录。

```
Function Show_Record(Num As Long)          'Num为将显示的记录号
Get FileNumber, Num, Stud                  '读取记录，并存放在Stud中
T_ID.Text=Stud.S_ID                        '将读取的数据显示到窗口上
T_Name.Text=Stud.S_Name
T_Grade.Text=Stud.S_Grade
T_Hobby.Text=Stud.S_Hobby
If Trim(Stud.S_Sex)="男" Then              '显示学生性别
Opt_man.Value=True
Else
Opt_woman.Value=True
End If
End Function
```

（2）向文件中写入学生记录函数。

```
Function White_Record(Num As Long)         'Num表示写入的位置
Stud.S_ID=T_ID.Text                        '从窗口获取学生记录信息
Stud.S_Name=T_Name.Text
Stud.S_Grade=T_Grade.Text
Stud.S_Hobby=T_Hobby.Text
If Opt_man.Value=True Then
Stud.S_Sex="男"
Else
Stud.S_Sex="女"
End If
Put FileNumber, Num, Stud              '将学生记录写入文件
End Function
```

（3）清除各个文本框内容。

```
Function ClearScreen()
T_ID.Text=""
T_Name.Text=""
T_Grade.Text=""
T_Hobby.Text=""
Opt_man.Value=True
End Function
```

5. 编写窗体加载事件（Load）和卸载事件（Unload）代码，完成软件初始化任务。

```
Private Sub Form_Load()
RecLength=Len(Stud)                    '获取自定义数据类型长度
FileNumber=FreeFile(1)                 '取得空闲文件号
Open App.Path&"\student.db" For Random As FileNumber Len=RecLength
                                       '以随机方式打开文件
LastRecord=FileLen(App.Path&"\student.db")/RecLength      '计算记录总数
If LastRecord<=0 Then                  '如果记录为0，则退出该过程
Exit Sub
End If
```

```
Position=1                                 '将当前记录指针指向第一条记录
Show_Record Position                       '显示第一条记录
End Sub

Private Sub Form_Unload (Cancel As Integer)
Close #FileNumber                          '关闭文件
End Sub
```

6. 为“添加”和“修改”按钮编写代码。

```
Private Sub Cmd_Add_Click ()
Write_Record LastRecord +1                 '向文件中追加记录
LastRecord=LastRecord +1                   '记录总数加 1
ClearScreen                                '清屏幕
End Sub

Private Sub Cmd_Modify_Click ()
Write_Record Position                      '将屏幕数据写入文件 Position 位置
End Sub
```

7. 为“向上”和“向下”按钮编写代码。

```
Private Sub Cmd_Prev_Click ()
If Position>1 Then                         '如果当前记录指针大于 1，则指针减 1，指向上条记录
Position=Position-1
Show_Record Position                       '显示上条记录
End If
End Sub

Private Sub Cmd_Next_Click ()
If Position<LastRecord Then                '如果当前位置不正最后记录上，则当前位置加 1
Position=Position+1
Show_Record Position                       '显示下条记录
End If
End Sub
```

8. 调试并运行“学生档案管理系统”软件。

## 课内思考题

1. 请完善实验内容 1 的程序代码，并在此基础上，为“文本编辑器”加上“编辑”和“查找”菜单，使其成为较完善的文本编辑软件。

2. 在窗体上的文本框中输入字符串，当单击“保存”按钮时，首先检查文本框中是否有字符串。若没有，给出提示；否则，把文本框中的小写字母转换成大写字母后，将整个字符串保存到一个名为“FileSave.txt”的文件中。

3. 请将实验内容 2 的基本代码继续完善，并加入“删除”和“查找”按钮。

4. 编写一个简单的文本编辑器，使其可以对文字进行字体、字号、颜色和对齐方式等格式的编辑。

# 课外作业题

1. 练习编写一个文本文件合并程序。将文本文件“t2.txt”合并到“t1.txt”文件中。

2. 建立一个随机文件“data.txt”用于存放职工记录。其中，每个记录由工号、姓名、性别、年龄和工资组成。编写程序，实现添加记录、浏览记录和查找记录等功能。

# 实验十五 数据库应用

## 实验目的

1. 掌握数据库的基本概念及结构化查询语言 SQL。
2. 掌握利用 ADODC 控件访问 Access 2010 数据库，并编辑数据库。
3. 掌握利用 ADODB 数据库访问对象创建数据库管理程序。
4. 培养应用 VB 程序设计语言解决实际问题的能力。
5. 加强对 VB 程序设计语言的理解和综合应用能力。

## 预习内容

1. 数据库管理的基本知识。
2. 数据库结构化查询语言 SQL 基本使用方法。
3. 数据控件的属性、方法和使用。
4. 数据访问对象的基本知识。

# 实验内容 1

使用 ADODC 控件连接 Access 2010 数据库。

**【操作步骤】**

1. 在 Access 2010 环境下建立一个“student.accdb”数据库，并在数据库中创建 “student_info”表，见表 15-1。

表 15-1　数据库表的结构

| 字段名 | 字段类型 | 字段长度 |
| --- | --- | --- |
| stud_id | 文本 | 8 |
| stud_name | 文本 | 8 |
| stud_sex | 文本 | 2 |
| stud_age | 数字 | 默认 |
| stud_grade | 文本 | 10 |
| stud_note | 备注 | 默认 |

2. 启动“Microsoft Visual Basic 6.0 中文版”，在弹出的“新建工程”窗口选择创建“标准 EXE”工程。

3. 在菜单栏中选择“工程”→“部件”，选择“Microsoft ADO Data Control 6.0(SP6)”，单击“确定”按钮，如图 15-1 所示，添加 ADODC 控件到工具箱中。此时，在工具箱中出现图标。

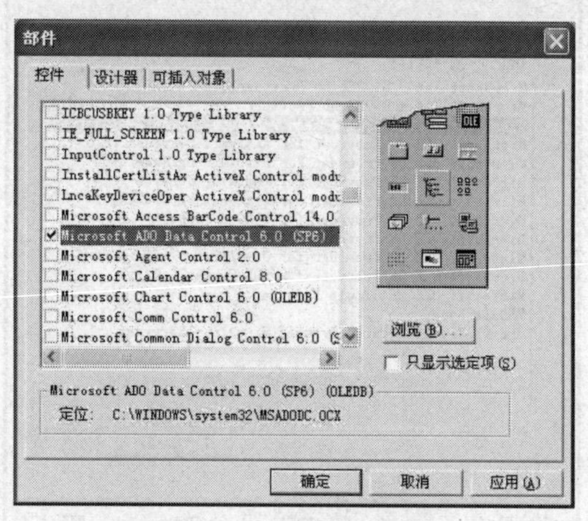


图 15-1　部件中控件列表界面

4. 窗体的布局，如图 15-2 所示。

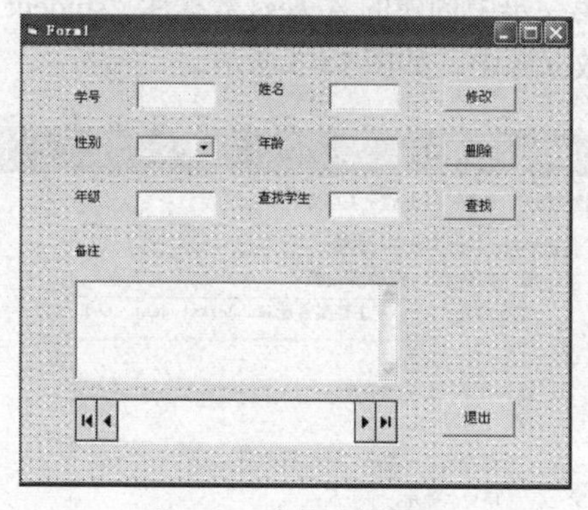


图 15-2　窗体布局界面

5. 设置 ADODC 控件，将 Caption 属性设置为“”，右键单击 ADODC 控件，弹出“ADODC 属性”对话框。选择“使用连接字符串”，单击右侧“生成”按钮，如图 15-3 所示。

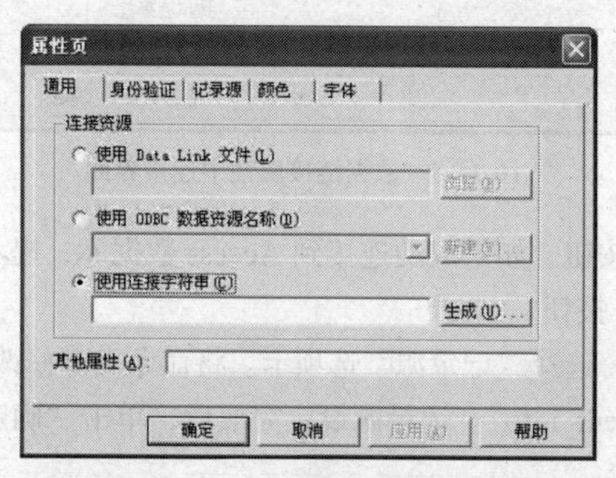


图 15-3　属性页中通用界面

6. 选择“Microsoft Office 12.0 Access Database Engine OLE DB Provider”，单击“下一步”按钮，如图 15-4 所示。

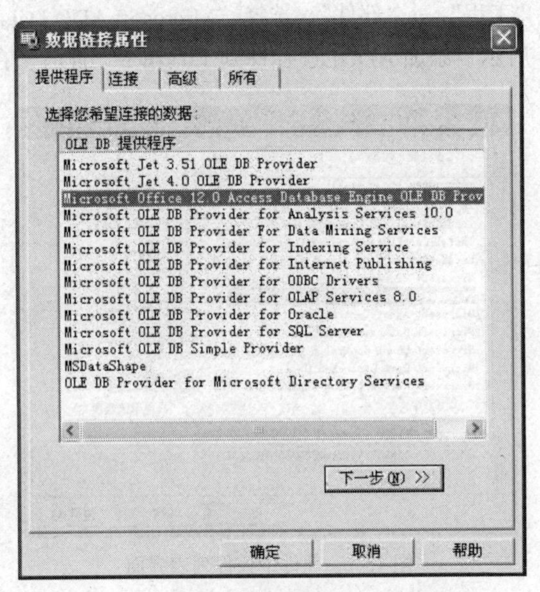


图 15-4 数据链接属性中提供程序界面

7. 将“数据源”设置为第一步中创建的 Access 数据库“student.accdb”，即将“student.accdb”的路径进行复制后，粘贴到数据源中，如图 15-5 所示。

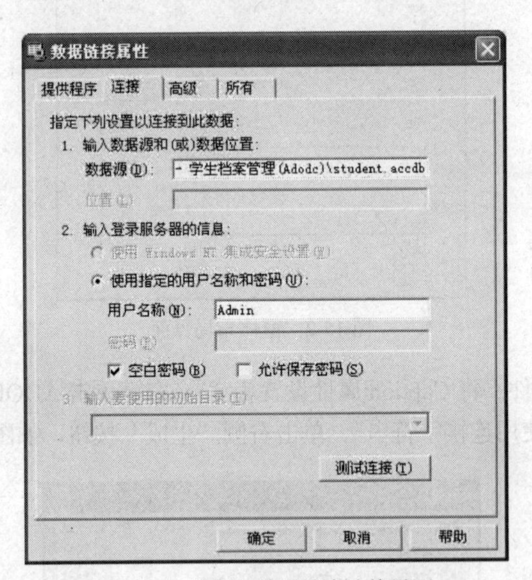


图 15-5 数据链接属性中连接界面

8. 单击“测试连接”按钮。如果成功连接到 Access 数据库，提示“测试连接成功”。测试数据连接之后，单击“确定”按钮。

9. 在“属性页”窗口，选择“记录源”选项卡。将命令类型修改为“2 - adCmdTable”，表或存储过程名称修改为“student_info”。记录源设定完成后，单击“确定”按钮，如图 15-6 所示，完成对 ADODC 控件的设定。

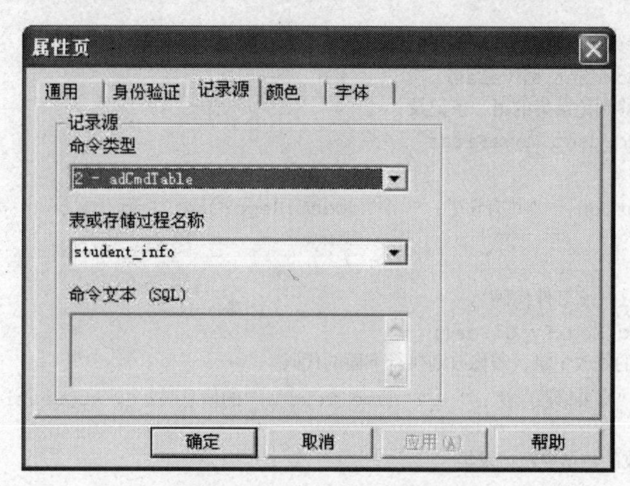


图 15-6　属性页中记录源界面

10. 设置其他控件属性，见表 15-2。

表 15-2　控件属性设置表

| 对　象 | 属　性 | 设　置 | 对　象 | 属　性 | 设　置 |
|---|---|---|---|---|---|
| Label1 | Caption | 学号 | Text4 | DataSourse | Adodc1 |
| Text1 | DataSourse | Adodc1 | | DataField | stud_grade |
| | DataField | stud_id | | Name | T_grade |
| | Name | T_id | Text5 | Name | T_find |
| Label2 | Caption | 姓名 | Label7 | Caption | 备注 |
| Text2 | DataSourse | Adodc1 | Text6 | DataSourse | Adodc1 |
| | DataField | stud_name | | DataField | stud_note |
| | Name | T_name | | Name | T_note |
| Label3 | Caption | 性别 | | MultiLine | True |
| Combo1 | DataSourse | Adodc1 | | ScrollBars | 2 - Vertical |
| | DataField | stud_sex | Command1 | Caption | 修改 |
| | Name | Com_sex | | Name | Cmd_Modify |
| Label4 | Caption | 年龄 | Command2 | Caption | 删除 |
| Text3 | DataSourse | Adodc1 | | Name | Cmd_Del |
| | DataField | stud_age | Command3 | Caption | 查找 |
| | Name | T_age | | Name | Cmd_Find |
| Label5 | Caption | 年级 | Command4 | Caption | 退出 |
| Label6 | Caption | 待查学生 | | Name | Cmd_Exit |

11. 编写程序代码。

```
'窗体 Load 事件代码
Private Sub Form_Load()
    '初始化组合框控件
    Com_sex.AddItem "男"
    Com_sex.AddItem "女"
    Com_sex.Text = Adodc1.Recordset.Fields("stud_sex")
End Sub
'窗体 Activate 时间代码
Private Sub Form_Activate()
```

```
    '将记录指针移到记录集的最后一条记录
    Adodc1.Recordset.MoveLast
    '将记录指针移到记录集的第一条记录
    Adodc1.Recordset.MoveFirst
    '显示记录数
    Adodc1.Caption = "共有学生：" & Adodc1.Recordset.RecordCount & "人"
End Sub

'"修改"按钮的Click事件代码
Private Sub Cmd_Modify_Click()
    '询问是否真的修改记录，若修改则执行下面的代码
    If MsgBox("真要修改学生：" & T_name.Text & "的信息吗？", vbQuestion Or vbOKCancel) =
vbOK Then
        '用修改的数据更新记录集
        With Adodc1.Recordset
            .Fields("stud_id") = T_id.Text
            .Fields("stud_name") = T_name.Text
            .Fields("stud_sex") = Com_sex.Text
            .Fields("stud_age") = CInt(T_age.Text)
            .Fields("stud_grade") = T_grade.Text
            .Fields("stud_note") = T_note.Text
            Adodc1.Recordset.Update
            '用于显示学号的文本框获得焦点
            T_id.SetFocus
        End With
    End If
End Sub

'"删除"按钮Click事件代码
Private Sub Cmd_Del_Click()
    '询问是否真的删除记录，若删除则执行下面的代码
    If MsgBox("真的想删除学生：" & T_name.Text & "吗?", vbQuestion Or vbOKCancel) = vbOK
Then
        '删除记录
        Adodc1.Recordset.Delete
        '调用窗体的Activate事件过程，显示总记录数
        Form_Activate
    End If
End Sub

'"查找"按钮Click事件代码
Private Sub Cmd_Find_Click()
    '如果没有输入查找的姓名，则退出该过程
    If T_find.Text = "" Then
        Exit Sub
    End If
    '首先将指针移到记录集的第一条记录
    Adodc1.Recordset.MoveFirst
    '利用Adodc控件的Find方法，查找满足要求的记录
    Adodc1.Recordset.Find ("stud_name='" &Trim(T_find.Text) & "'")
    '如果指针移到记录集最后，仍未找到符合条件的记录
    If Adodc1.Recordset.EOF Then
        MsgBox "没有要查找的学生", vbInformation
        Adodc1.Recordset.MoveFirst
```

```
        Exit Sub
    End If
    '若有满足条件的记录，则记录指针已指向该记录
End Sub

' "退出"按钮Click事件代码
Private Sub Cmd_Exit_Click()
    Unload Me
End Sub
```

12. 测试并运行以上代码。

# 实验内容 2

使用 ADODB 数据访问对象连接 Access 2010 数据库。

**【操作步骤】**

1. 建立新工程，在菜单栏中选择“工程”→“引用”，选择“Microsoft ActiveX Data Objects 2.5 Library”库，单击“确定”按钮，如图 15-7 所示，将“Microsoft ActiveX Data Objects 2.5 Library”库，引入到工程中。

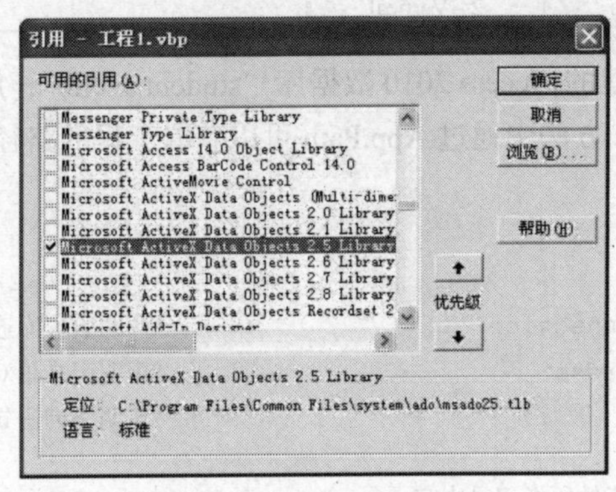

图 15-7 引用列表界面

2. 窗体的布局，如图 15-8 所示。

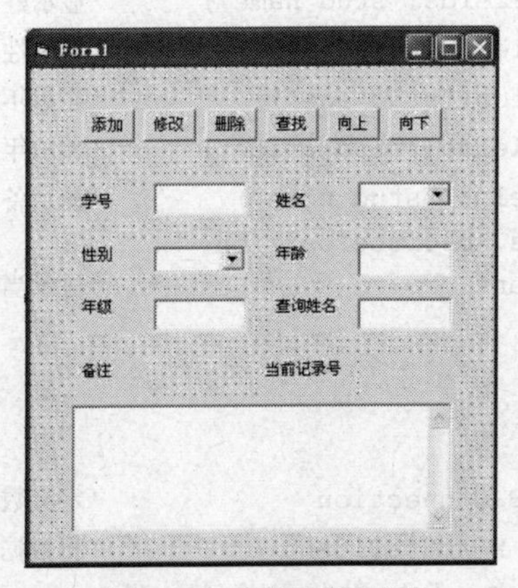

图 15-8 窗体布局界面

3. 设置窗体上各个控件的属性，见表 15-3。

表 15-3 控件属性设置表

| 对 象 | 属 性 | 设 置 | 对 象 | 属 性 | 设 置 |
|---|---|---|---|---|---|
| Label1 | Caption | 学号 | Label7 | Caption | 备注 |
| Text1 | Name | T_id | Label8 | Caption | 当前记录号 |
| Label2 | Caption | 姓名 | Label9 | Name | Lab_num |
| Combo1 | Name | Com_name | Command1 | Caption | 添加 |
| Label3 | Caption | 性别 | | Name | Cmd_add |
| Combo2 | Name | Com_sex | Command2 | Caption | 修改 |
| Label4 | Caption | 年龄 | | Name | Cmd_modify |
| Text2 | Name | T_age | Command3 | Caption | 删除 |
| Label5 | Caption | 年级 | | Name | Cmd_delete |
| Text3 | Name | T_grade | Command4 | Caption | 查找 |
| Label6 | Caption | 查询姓名 | | Name | Cmd_find |
| Text4 | Name | T_find | Command5 | Caption | 向上 |
| Text5 | Name | T_note | | Name | Cmd_prev |
| | MultiLine | True | Command6 | Caption | 向下 |
| | ScrollBars | 2 - Vertical | | Name | Cmd_next |

4. 将实验内容 1 中创建的 Access 2010 数据库“student.accdb”，放到当前实验对应的工程文件夹下。注：在 Form_Load 方法中通过 App.Path 可以获取工程的路径。

5. 编写程序代码。

```
'声明两个窗体级变量
Option Explicit
Dim Conn As ADODB.Connection                        '声明数据库连接对象
Dim Rs As ADODB.Recordset                           '声明记录集对象
Dim sqlStr As String                                '声明查询语句

'建立函数，显示当前记录指针所指记录内容
Function Show_recorder()
    T_id.Text = Rs.Fields("stud_id")                '显示学号
    Com_name.Text = Rs.Fields("stud_name")          '显示姓名
    Com_sex.Text = Rs.Fields("stud_sex")            '显示性别
    T_age.Text = Rs.Fields("stud_age")              '显示年龄
    T_grade.Text = Rs.Fields("stud_grade")          '显示年级
    T_note.Text = Rs.Fields("stud_note")            '显示备注内容
    Lab_num.Caption = Rs.AbsolutePosition _
    & "/" & Rs.RecordCount                          '显示当前记录号和总记录号
End Function

'编写窗体 Load 事件代码
Private Sub Form_Load()
    Set Conn = New ADODB.Connection                 '定义数据库连接对象
    Conn.CursorLocation = adUseClient               '将数据库连接对象设置为客户端
    Conn.ConnectionString = "provider=microsoft.ace.oledb.12.0;" & "data source=" _
    & App.Path & "\student.accdb;"                  '设置数据库连接字符串
```

```
    Conn.Open                                     '开启数据库连接
    sqlStr = "select * from student_info"          '设置查询语句
    Set Rs = New ADODB.Recordset                   '定义记录集对象
    Rs.Open sqlStr, Conn, adOpenKeyset, _
                adLockPessimistic                  '执行查询操作
    Com_sex.AddItem "男"                           '初始化性别组合框
    Com_sex.AddItem "女"
    If Rs.RecordCount > 0 Then                     '若记录集有记录，则执行下面代码
        Rs.MoveFirst                               '将记录指针指向第一条记录
        Do While Not Rs.EOF                        '扫描整个记录集
            Com_name.AddItem _
                Rs.Fields("stud_name")             '将学生姓名加入到组合框中
            Rs.MoveNext                            '指针移到下条记录
        Loop
        Rs.MoveFirst                               '将记录指针指向第一条记录
        Show_recorder                              '显示第一条记录
    End If
End Sub

'编写“添加”按钮 Click 事件代码
Private Sub Cmd_add_Click()
On Error GoTo Errmsg
    '如果没有填写学号、姓名、性别和年龄中的任何一项，则显示数据输入不完整信息，并退出该事件过程
    If T_id.Text = "" Or Com_name.Text = "" Or Com_sex.Text = "" Or T_age.Text = ""
Then
        MsgBox "学生信息输入不完整！", vbInformation
        Exit Sub
    End If
    '询问是否真的希望加入新纪录
    If MsgBox("真要添加学生：" & Com_name.Text & "吗？", vbQuestion Or vbOKCancel) = vbOK
Then
        Rs.AddNew                                  '添加记录
        Rs.Fields("stud_id") = T_id.Text           '为记录的各个字段赋值
        Rs.Fields("stud_name") = Com_name.Text
        Rs.Fields("stud_sex") = Com_sex.Text
        Rs.Fields("stud_age") = CInt(T_age.Text)
        Rs.Fields("stud_grade") = T_grade.Text
        Rs.Fields("stud_note") = T_note.Text
        Rs.Update                                  '将新添加的记录提交到数据库
        Rs.MoveFirst                               '将记录指针指向第一条记录
        Com_name.AddItem Com_name.Text             '将新添加的学生姓名加入到组合框中
        Show_recorder                              '显示第一条记录
    End If
    Exit Sub
Errmsg:
    MsgBox Err.Description, vbExclamation, "出错"
End Sub

'编写“删除”按钮 Click 事件代码
Private Sub Cmd_delete_Click()
    Dim i As Integer
    '询问是否真的希望删除当前记录
```

```
    If MsgBox("真要删除学生: " & Com_name.Text & "吗? ", vbQuestion Or vbOKCancel) = vbOK
Then
        Rs.Delete                                         '删除当前记录指针所指向的记录
        If Rs.RecordCount > 0 Then                        '如果当前记录集有学生记录,则显示第一
    条记录
            Rs.MoveFirst
            '删除下拉列表中对应的学生姓名
            For i = 0 To Com_name.ListCount - 1
                If Com_name.List(i) = Com_name.Text Then
                    '将删除的学生姓名从组合框中移除
                    Com_name.RemoveItem i
                End If
            Next
            Show_recorder
        Else                                              '如果记录集中的记录数为 0,则更新显示
    记录数标签
            Lab_num.Caption = "0/0"
        End If
    End If
End Sub

'编写"修改"按钮 Click 事件代码
Private Sub Cmd_modify_Click()
On Error GoTo Errmsg
    Dim i As Integer
    '从记录集中取出修改之前的学生姓名
    Dim preComName As String
    preComName = Rs.Fields("stud_name")
    '如果没有填写学号、姓名、性别和年龄中的任一项,则显示数据输入不完整信息,并退出该事件过程
    If T_id.Text = "" Or Com_name.Text = "" Or Com_sex.Text = "" Or T_age.Text = ""
Then
        MsgBox "学生数据输入不完整! ", vbInformation
        Exit Sub
    End If
    '询问是否真要修改学生记录
    If MsgBox("真要修改学生记录吗? ", vbQuestion Or vbOKCancel) = vbOK Then
        Rs.Fields("stud_id") = T_id.Text                  '修改各个字段项
        Rs.Fields("stud_name") = Com_name.Text
        Rs.Fields("stud_sex") = Com_sex.Text
        Rs.Fields("stud_age") = CInt(T_age.Text)
        Rs.Fields("stud_grade") = T_grade.Text
        Rs.Fields("stud_note") = T_note.Text
        Rs.Update                                         '将更改的内容提交到数据库
        Rs.MoveFirst                                      '将记录集指针移到第一条记录
        For i = 0 To Com_name.ListCount - 1               '用修改后的姓名替换修改前的姓名
            If Com_name.List(i) = preComName Then
                Com_name.List(i) = Com_name.Text
            End If
        Next
        Show_recorder                                     '显示第一条记录
    End If
    Exit Sub
Errmsg:
    MsgBox Err.Description, vbExclamation, "出错"
```

```
End Sub
'编写“查找”按钮 Click 事件代码
Private Sub Cmd_find_Click()
    If T_find.Text = "" Then                     '如果待查找的学生姓名为空，则显示提示
信息并退出
        MsgBox "请输入待查学生姓名！", vbInformation
        Exit Sub
    End If
    '将记录集指针移到第一条记录
    Rs.MoveFirst
    '查找第一条满足条件的记录
    Rs.Find ("stud_name='" & T_find.Text & "'")
    If Rs.EOF = True Then                        '如果没有查到，则显示提示信息
        MsgBox "没有你要查的学生！", vbInformation
    Else                                         '如果查到满足条件的记录，则显示该记录
        Show_recorder
    End If
End Sub
'
'编写姓名组合框的 Click 事件代码
'该段代码在用户从姓名组合框中选择任一姓名时，自动显示该学生其他信息
Private Sub Com_name_Click()
    If Com_name.Text <> "" Then
        Rs.MoveFirst
        Rs.Find ("stud_name='" & Com_name.Text & "'")
        Show_recorder
    End If
End Sub

'编写“向下”按钮 Click 事件代码
Private Sub Cmd_next_Click()
    If Not Rs.EOF Then                           '如果记录指针没有指向最后，则将指针下
移一条记录
        Rs.MoveNext
        If Not Rs.EOF Then                       '如果记录指针没有指向最后，则显示记录
            Show_recorder
        End If
    End If
    If Rs.EOF Then                               '如果记录指针指向最后，则将指针上移到
最后一条记录
        Rs.MovePrevious
    End If
End Sub

'编写“向上”按钮 Click 事件代码
Private Sub Cmd_prev_Click()
    If Not Rs.BOF Then                           '如果记录指针没有指向记录集顶部，则将
指针上移一条记录
        Rs.MovePrevious
        If Not Rs.BOF Then                       '如果记录指针没有指向记录集顶部，则显
示记录
            Show_recorder
        End If
```

```
    End If
    If Rs.BOF Then                      '如果记录指针指向记录集顶部，则将指针
下移到第一条记录
        Rs.MoveNext
    End If
End Sub
'编写窗体的Unload事件代码
Private Sub Form_Unload(Cancel As Integer)
    Rs.Close                            '关闭记录集对象
    Set Rs = Nothing
    Conn.Close                          '关闭数据库连接对象
    Set Conn = Nothing
End Sub
```

6. 调试并运行上述代码。

## 课内思考题

1. 使用数据访问对象 ADODB 的主要步骤。

2. 使用数据访问控件 ADODC 和数据访问对象 ADODB 编写数据库程序，各自的优点和缺点是什么?

## 课外作业题

1. 将实验内容 2 的程序代码进行修改，使用 SQL 语句向数据库中插入、修改和删除记录。

2. 对实验内容 2 的程序代码加以完善。

（1）增加字段类型和字段长度的判断。如果字段的数据类型错误，或者字段长度超出范围，则不允许增加或者修改对应记录。

（2）增加学号查询功能，使程序可以按照学号和姓名进行组合查询。